Jong-Ha Lee

Dispositifs médicaux basés sur l'intelligence artificielle et facteurs humains

Jong-Ha Lee

Dispositifs médicaux basés sur l'intelligence artificielle et facteurs humains

La nouvelle approche des facteurs humains

ScienciaScripts

Imprint

Any brand names and product names mentioned in this book are subject to trademark, brand or patent protection and are trademarks or registered trademarks of their respective holders. The use of brand names, product names, common names, trade names, product descriptions etc. even without a particular marking in this work is in no way to be construed to mean that such names may be regarded as unrestricted in respect of trademark and brand protection legislation and could thus be used by anyone.

Cover image: www.ingimage.com

This book is a translation from the original published under ISBN 978-620-3-85431-2.

Publisher:
Sciencia Scripts
is a trademark of
Dodo Books Indian Ocean Ltd. and OmniScriptum S.R.L publishing group

120 High Road, East Finchley, London, N2 9ED, United Kingdom
Str. Armeneasca 28/1, office 1, Chisinau MD-2012, Republic of Moldova, Europe
Managing Directors: Ieva Konstantinova, Victoria Ursu
info@omniscriptum.com

Printed at: see last page
ISBN: 978-620-3-66981-7

Table des matières

Partie 1. Évaluation de l'utilisabilité basée sur le mouvement humain

Chapitre 1. Cas d'évaluation de l'utilisabilité basée sur le mouvement humain

1. Nécessité d'une analyse du mouvement dans une évaluation de la convivialité

Les utilisateurs de produits vont des nourrissons aux personnes âgées. Il est donc nécessaire d'analyser une méthode permettant de réduire la charge corporelle sur les humains en examinant l'emplacement des composants et en manipulant les caractéristiques du produit dans la gamme des mouvements humains. L'évaluation de la convivialité basée sur l'analyse du mouvement peut fournir des informations sur la conception des produits, permettant des mouvements naturels sans charge corporelle lors de l'utilisation des produits en analysant les mouvements des utilisateurs. En termes d'utilisation du produit, l'efficacité et l'efficience de la réalisation de l'objectif sont améliorées d'un point de vue objectif, tandis que la satisfaction du produit peut être améliorée d'un point de vue subjectif.

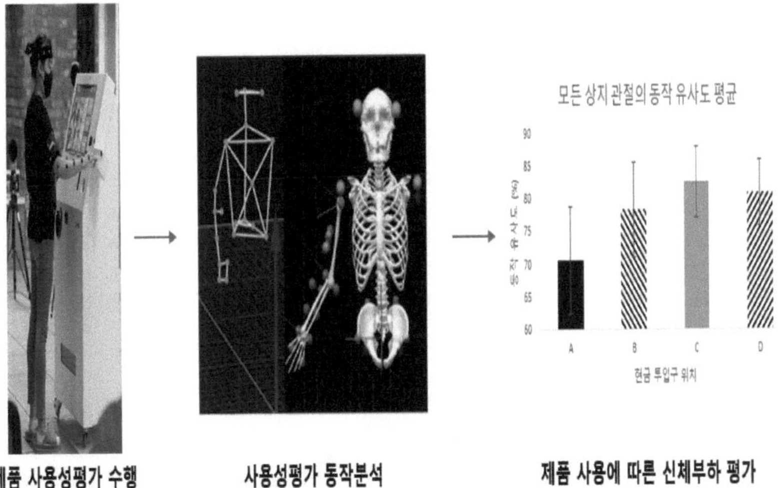

<Figure 1-1> Exemple de déduction de la charge corporelle pour l'évaluation de l'utilisabilité basée sur l'analyse du mouvement.

2. Cas d'évaluation de la charge corporelle dans lesquels une technique d'analyse du mouvement est appliquée à l'évaluation de l'utilisabilité

Sujet : Étude sur l'établissement d'un emplacement approprié pour l'utilisation d'un produit en fonction du mouvement impliqué dans l'utilisation d'un kiosque.
(Source : Thèse publiée dans 2019 KOSOMBE Spring Meeting AI in Biomedical Engineering).

Contexte de la recherche : En général, les mouvements impliqués dans l'utilisation des produits varient en fonction de la capacité à effectuer des activités physiques . L'étendue de l'interaction des activités physiques influence l'efficacité du travail et la satisfaction de l'utilisateur, devenant ainsi le sujet central pour améliorer la convivialité globale des produits [1]. Par conséquent, les produits ergonomiques conçus en se concentrant sur les activités physiques des humains peuvent être très utiles aux utilisateurs [2]. Dans une étude précédente sur la définition d'un emplacement approprié pour l'utilisation d'un produit en fonction des mouvements d'utilisation du produit, les informations sur les mouvements naturels déterminés par les préférences des utilisateurs ont été utilisées comme référence pour évaluer l'interaction physique entre les utilisateurs et les produits. Le prix du produit augmente et la satisfaction de l'utilisateur s'améliore si des produits induisant des mouvements naturels d'utilisation du produit sont utilisés [3]. Dans cette étude, une expérience a été menée pour obtenir l'emplacement le plus approprié d'une fente d'insertion d'argent dans un kiosque de billetterie générale.

Méthode de recherche : La recherche a été menée en quatre étapes. Tout d'abord, huit sujets ont été sélectionnés et ont reçu des instructions pour effectuer des mouvements naturels d'utilisation de produits (NM) ; ensuite, quatre emplacements (A, B, C et D) à appliquer dans l'expérience ont été sélectionnés. Deuxièmement, on a sélectionné cinq sujets sur lesquels on a fixé des marqueurs réfléchissants (figure 1) ; les sujets ont effectué des mouvements naturels et les données ont été enregistrées en conséquence. Troisièmement, les mêmes sujets ont été invités à effectuer des mouvements réels d'utilisation du produit (AM) sur les quatre emplacements sélectionnés (A, B, C et D) et les données ont été enregistrées en conséquence. Enfin, une enquête de satisfaction subjective (échelle de 7 points) de chaque articulation pour les quatre emplacements expérimentaux (A, B, C et D) a été réalisée.

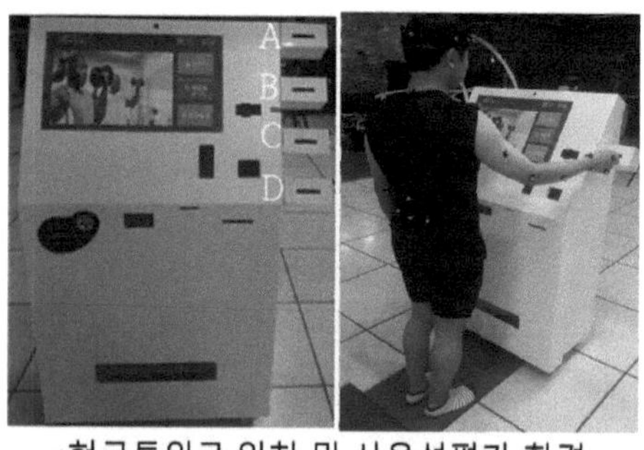

<Figure 1-2> Méthode d'évaluation de la convivialité pour sélectionner un emplacement de fente d'insertion d'argent d'un kiosque et l'enquête de satisfaction subjective.

La position de l'utilisateur lors de l'exécution de certains mouvements pour obtenir l'emplacement approprié d'une fente d'insertion a été fixée de manière à ce que l'utilisateur fasse directement face à l'interface graphique d'un kiosque de billetterie ; ensuite, la longueur du bras (la distance entre l'acromion et l'apophyse styloïde du radius) a été alignée avec le point central du bord de l'écran. Chaque mouvement a été effectué trois fois, et la valeur moyenne a été utilisée.

Après l'expérience, le pourcentage de l'amplitude du mouvement indiquant la similarité entre les données AM et NM a été calculé, ce qui a ensuite été défini comme la similarité du mouvement. L'emplacement présentant la plus grande similarité de mouvement, obtenue en analysant les données significatives sur la similarité de mouvement et les scores de satisfaction subjective, a été proposé comme l'emplacement permettant les mouvements naturels parmi les quatre emplacements sélectionnés.

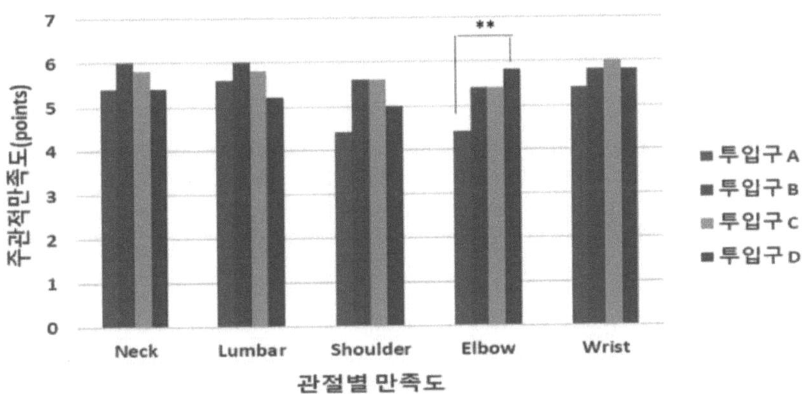

<Figure 1-3> Résultats de la satisfaction subjective des utilisateurs quant aux mouvements articulaires des membres supérieurs par fente d'insertion d'argent d'un kiosque.

<Tableau 1-1> Relation entre la similitude de mouvement de l'articulation du coude et la satisfaction des quatre fentes d'insertion des espèces.

	Fente d'insertion A	Fente d'insertion B	Fente d'insertion C	Fente d'insertion D
Similitude du mouvement du coude (%)	R = -0.115, P = 0.854	R = 0.297, P = 0.627	R = 0.529, P = 0.359	**R = 0.902, P = 0.036**

Résultat et discussion : Lorsque la moyenne du score de satisfaction subjective de chaque articulation du membre supérieur a été calculée en fonction de l'emplacement de la fente d'insertion, un résultat significatif a été observé dans l'articulation du coude (t = -5,715, p = 0,005) alors qu'aucun résultat significatif n'a été observé dans les autres articulations (p > 0,05) sur la base du test t apparié entre les scores maximum et minimum. En outre, une corrélation significative a été observée à l'emplacement D (r = -0,115, p = 0,854) alors qu'aucune corrélation significative n'a été observée à l'emplacement A (r = 0,902, p = 0,036) d'après l'analyse de corrélation entre la similitude de mouvement et l'emplacement A le plus élevé (score le plus bas) du coude et entre la similitude de mouvement et l'emplacement D le plus bas (score le plus élevé). En d'autres termes, l'emplacement de la fente d'insertion par rapport à l'articulation du coude détermine la similarité des mouvements et les scores de satisfaction subjective [4]. Par conséquent, la facilité d'utilisation de l'emplacement de la fente d'insertion peut être prédite sur la base de données quantitatives. En raison du nombre insuffisant d'échantillons expérimentaux, la fiabilité de la comparaison des données est faible et aucun résultat significatif n'a été obtenu pour les articulations autres que celle du coude ; il est donc nécessaire d'augmenter la taille de l'échantillon pour obtenir des résultats plus fiables dans les études futures.

Références
1] M. Clamann, B. Zhu, L. Beaver, K. Taylor, D. Kaber, Comparison of Infant Car Seat grip orientations and lift strategies, Appl Ergon, 43 : 650-7, 2012.

2] M. J. Rose, Keyboard operation posture and actuation force : implications for muscle over-use, Appl Ergon, 22 : 198-203, 1991.

3] J. Chang, Development of an Ergonomic Product Design Evaluation Process Using Motion Analysis (thèse de maîtrise non publiée), Pohang University of Science and Technology, Corée du Sud, 2007.

[4] W. Wang, X. Qin, C. Zheng, H. Wang, J. Li, J. Niu, Mechanical Energy Expenditure-based Comfort Evaluation Model for Gesture Interaction, Comput Intell Neurosci, 2018.

Chapitre 2. Utilisation d'un appareil d'analyse du mouvement (Qualisys)

1. Introduction d'un dispositif d'analyse du mouvement

Un dispositif d'analyse du mouvement (Oqus 7, Qualisys Co.) fonctionne en irradiant une lumière infrarouge provenant d'une caméra infrarouge vers des marqueurs réfléchissants fixés sur les utilisateurs et les produits, puis en mesurant la lumière infrarouge réfléchie par les marqueurs réfléchissants. Différents types de données dynamiques telles que la distance de déplacement, la vitesse et l'angle d'articulation des marqueurs réfléchissants fixés sur le corps des utilisateurs et des produits peuvent être mesurés ; des données quantitatives sur les mouvements optimaux des utilisateurs sont fournies dans l'évaluation de la convivialité, tandis que la qualité du produit ou la satisfaction de l'utilisateur est améliorée grâce à une observation constante.

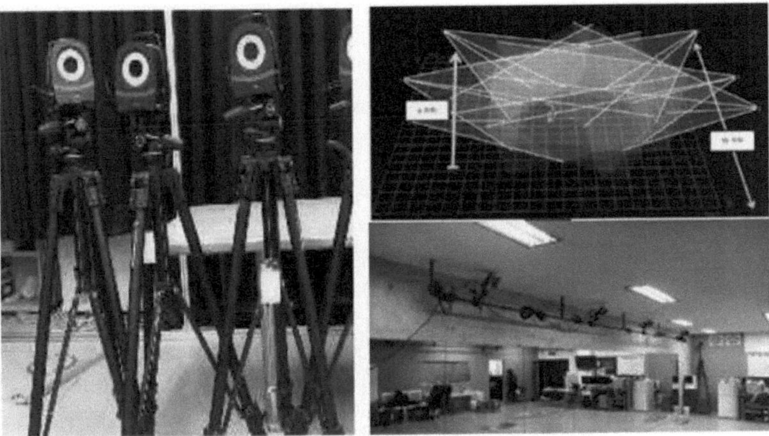

<Figure 2-1> Dispositif d'analyse du mouvement et environnement d'installation.

<Tableau 1-1> Configuration matérielle du dispositif d'analyse de mouvement.

Nom	Photo	Description
Caméra infrarouge		Caméra pour capturer le mouvement des sujets d'expérience
Marqueur réfléchissant		Marqueur réfléchissant fixé sur les sujets d'expérience ou les produits.
Kit d'étalonnage		Kit de calibrage de l'espace d'expérimentation (cadre en L, baguette en T)
Logiciel QTM		Logiciel d'analyse de la distance de déplacement et de l'angle de rotation par la mesure et le stockage de la valeur de la position de marqueurs réfléchissants

2. Comment utiliser un appareil d'analyse du mouvement

1) Connexion d'une caméra infrarouge et d'un ordinateur pour une analyse de mouvement
- Après avoir installé le programme QTM, allez dans Démarrer - Programme - Qualisys sous Windows et exécutez le serveur DHCP.

- Une fois le serveur DHCP exécuté, l'icône du serveur DHCP est créée dans la barre des tâches dans le coin inférieur droit de l'écran. Après avoir cliqué sur l'icône, cliquez sur l'assistant de configuration (Figure 2-2).

<Figure 2-2> Ecran de l'icône du serveur DHCP

- Lorsque la fenêtre d'installation apparaît, trois options d'installation sont proposées. Ici, sélectionnez le premier bouton et cliquez sur Next (Figure 2-3). Sur l'écran suivant, cliquez sur LAN connection et cliquez sur More.

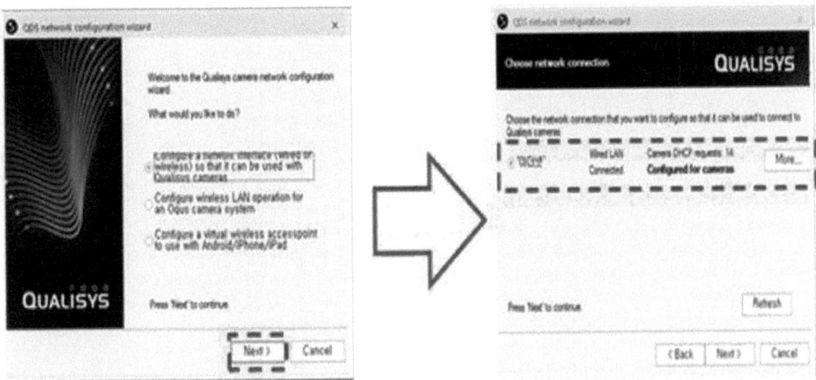

<Figure 2-3> Méthode de réglage du serveur

- Comme l'adresse IP spécifique et les informations de masque d'adresse IP sont nécessaires pour connecter la caméra infrarouge et le logiciel via Internet, entrez les informations IP et cliquez sur OK (Figure 2-4). (L'adresse IP doit être confirmée car le système Qualisys est connecté via un réseau local).

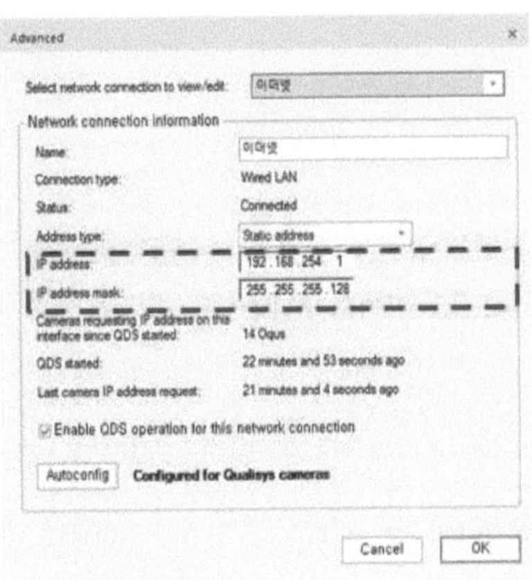

<Figure 2-4> Méthode de réglage du serveur

- Double-cliquez sur l'icône Qualisys Track manager créée sur le bureau et exécutez le programme QTM. Ensuite, créez un nouveau projet si vous souhaitez appliquer la configuration par défaut ou importez un projet si la configuration précédente est utilisée.
- Dans la barre de menu de l'écran initial, cliquez sur l'option Outil >> Projet.

<Figure 2-5> Écran initial d'exécution du programme QTM.

- Dans Options du projet, sélectionnez Système de caméra et cliquez sur Localiser le système sur le côté droit. Ensuite, la caméra connectée à l'ordinateur est numérisée (Figure 2-6). Une fois que toutes les caméras connectées sont numérisées, cliquez sur OK.

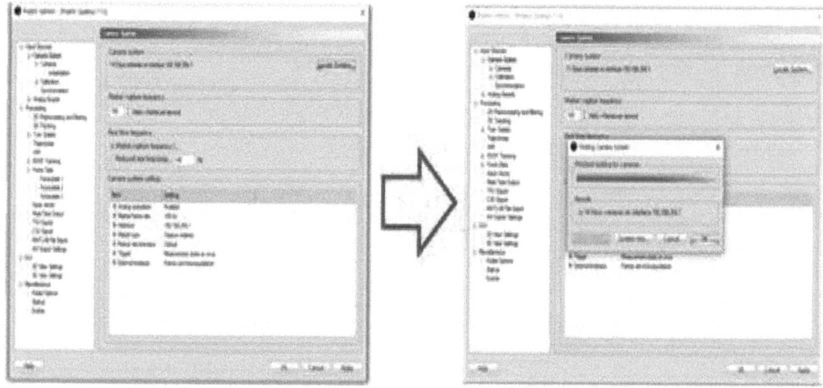

<Figure 2-6> Paramétrage de la connexion de la caméra dans les options du projet.

- Ouvrez une nouvelle fenêtre et vérifiez si la caméra fonctionne correctement (Figure 2-7).

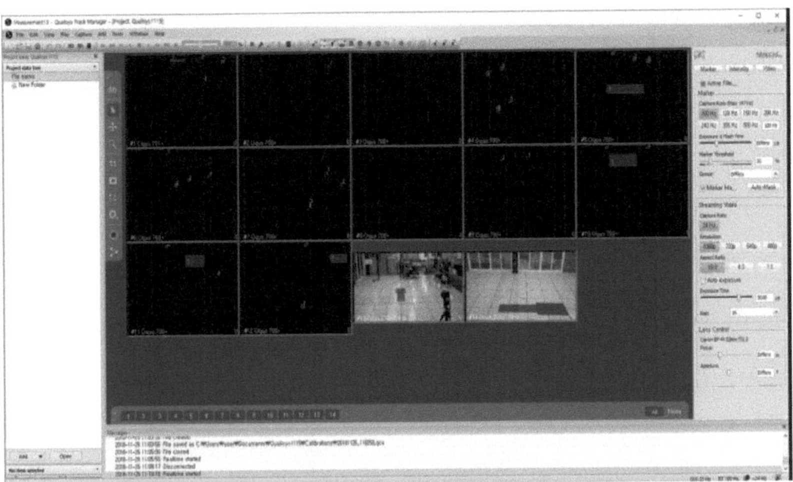

<Figure 2-7> Écran initial de vérification de la connexion de la caméra.

- L'étape ci-dessus a été réalisée pour connecter les caméras et l'ordinateur afin d'analyser les mouvements à l'aide de caméras infrarouges.

2) Effectuer un étalonnage pour supprimer les valeurs d'erreur dans l'environnement d'analyse du mouvement.
- Avant l'étalonnage, allez dans le menu Options du projet et définissez la configuration de l'étalonnage comme suit.
*Attention : Lorsque d'autres configurations sont appliquées comme indiqué ci-dessous, les valeurs de coordonnées affichées à l'écran peuvent différer si la taille de la baguette en T et la position du cadre en L sont incorrectes.

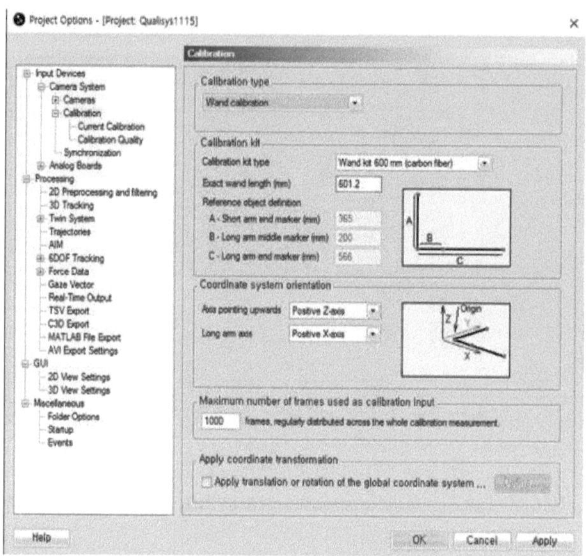

<Figure 2-8> Ecran de réglage de l'option d'étalonnage

- Une fois le réglage de l'étalonnage effectué dans le programme, préparez l'étalonnage dans l'environnement réel du tournage.
- Le cadre L avec le marqueur attaché (à gauche sur la Figure 2-10) définit le point de référence des trois axes dans l'espace de mesure de l'analyse du mouvement pendant le calibrage. Par conséquent, après avoir constamment positionné le cadre L sur un point de référence spécifique, le mesureur définit l'espace dans lequel l'analyse du mouvement est effectuée à l'aide de la baguette en T (à droite sur la figure 2-10) dans l'espace autour du cadre L. Tout d'abord, lorsque l'étalonnage commence, balayez le sol à l'aide de la baguette en T et continuez à remplir l'espace supérieur.

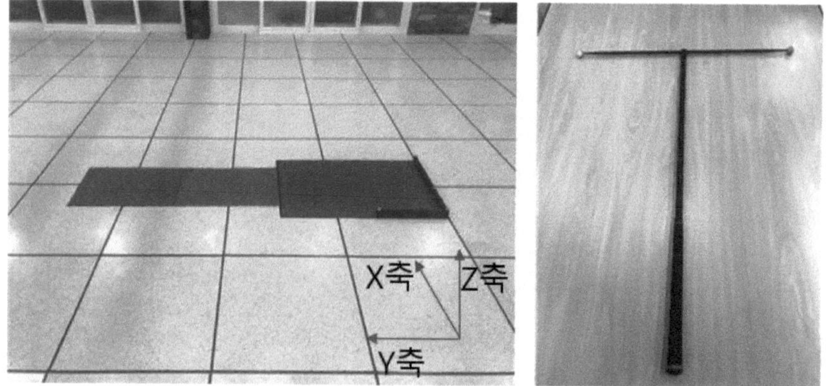

<Figure 2-10> Position du point de référence d'étalonnage et outil de réglage (à gauche : cadre en L, à droite : baguette en T).

- Cliquez sur l'icône 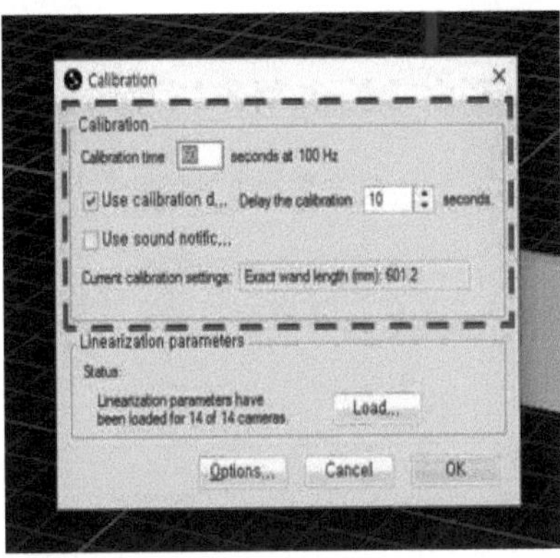 l'écran initial et l'écran de réglage de l'étalonnage devrait apparaître ; entrez les valeurs appropriées pour chaque élément (Figure 2-9). Le temps d'étalonnage est généralement compris entre 30 secondes et une minute (définissez un temps suffisant si la précision est requise). Ajustez le temps en fonction de l'espace défini. De plus, si l'expérience est menée seule, effectuez l'étalonnage en réglant le temps de retard auquel l'étalonnage se produit réellement.

<Figure 2-10> Écran de réglage de l'étalonnage

- Lorsque l'étalonnage se termine après l'écoulement du temps défini, la fenêtre suivante apparaît. Cette fenêtre indique les valeurs d'erreur de l'étalonnage. Des valeurs plus faibles indiquent des erreurs moins importantes, ce qui améliore la fiabilité des données (Figure 2-11).

- Si l'étalonnage est terminé avec succès, un message "Étalonnage réussi" apparaît dans le coin supérieur gauche d'une nouvelle fenêtre, sinon un message "Étalonnage échoué" apparaît.

- Les valeurs doivent être inférieures à 0,5. Il est recommandé de répéter l'étalonnage si les valeurs sont jugées élevées, même si une fenêtre "Étalonnage réussi" apparaît.

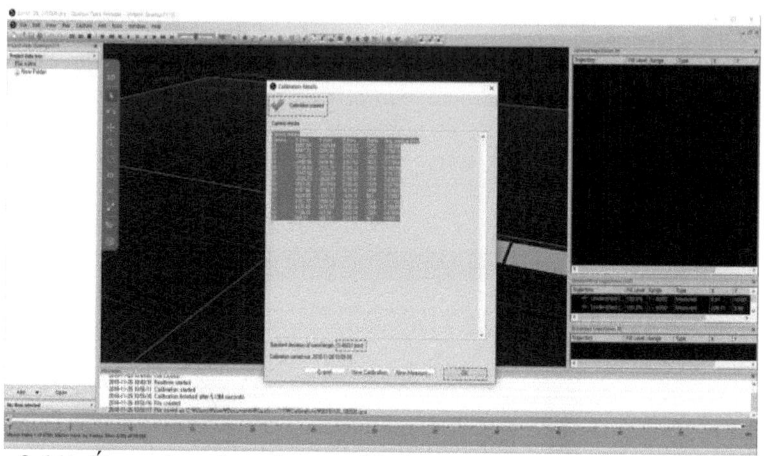

<Figure 2-11> Écran de valeur d'erreur d'étalonnage.

3) Analyse du mouvement de mesure et sauvegarde des données
- En fonction de l'emplacement des marqueurs réfléchissants sur le corps, comme le montre la figure 2-12, choisissez une méthode adaptée au but de l'expérience et fixez les marqueurs en conséquence.

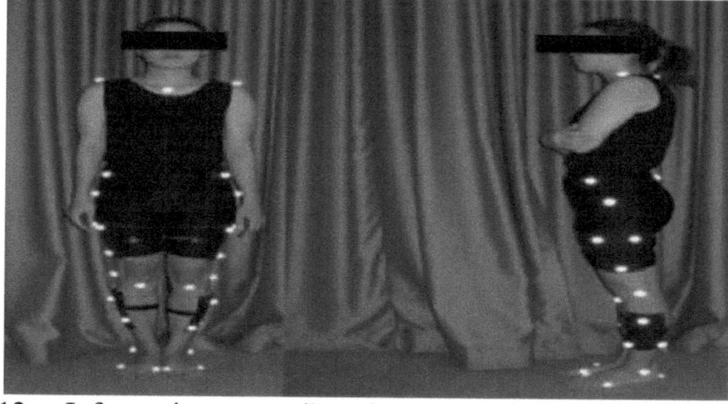

<Figure 2-12> Informations sur l'emplacement de la fixation du marqueur réfléchissant.

- Cliquez sur le bouton Capture option "Utiliser le délai de capture" et entrez le délai. Une fois que tous les réglages ont été effectués, cliquez sur Start et la capture commence.

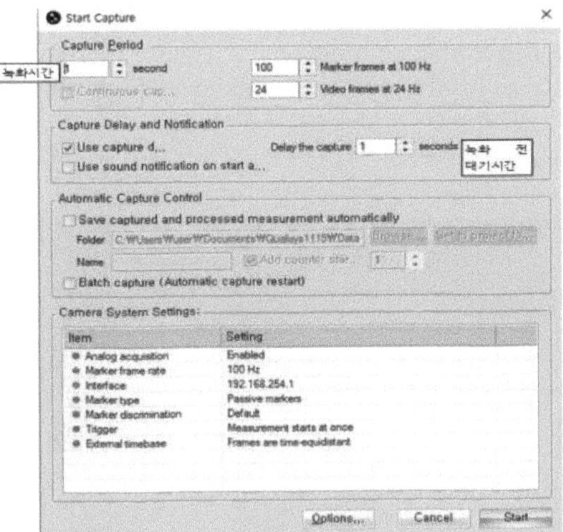

<Figure 2-13> Paramètre par défaut de l'écran de capture.

- Mesure de la posture statique : Les informations de position des marqueurs fixés sur le corps sont obtenues dans une posture statique sans mouvements basée sur une posture anatomique, nécessaire pour créer un modèle de corps de mesure dans l'analyse du mouvement. En particulier, le nombre de marqueurs doit être vérifié après la mesure dans une posture statique avant de sauvegarder les données car les informations sur aucun marqueur doivent être omises.

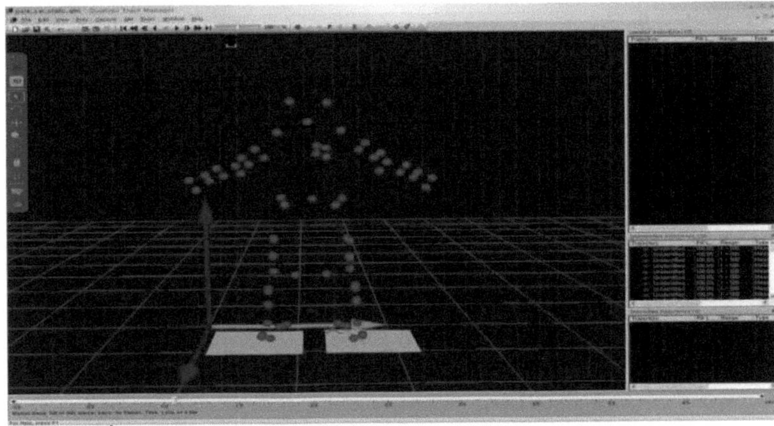

<Figure 2-14> Écran de mesure de la posture statique.

- Mesure de la performance de la tâche (capture de mouvement) : Il s'agit d'une étape de mesure d'un mouvement spécifique lors d'une évaluation de la convivialité, dans laquelle les mouvements des articulations et l'angle de rotation du participant dans le but de la capture de mouvement peuvent être mesurés . Par conséquent, les mouvements doivent être sauvegardés jusqu'à la fin de la capture de mouvement.

- Saisissez le nom du fichier et enregistrez les fichiers une fois la capture terminée afin de pouvoir distinguer chaque mouvement. (Outre le traitement et l'analyse des données, l'expérience doit être menée correctement pour obtenir des données très fiables).

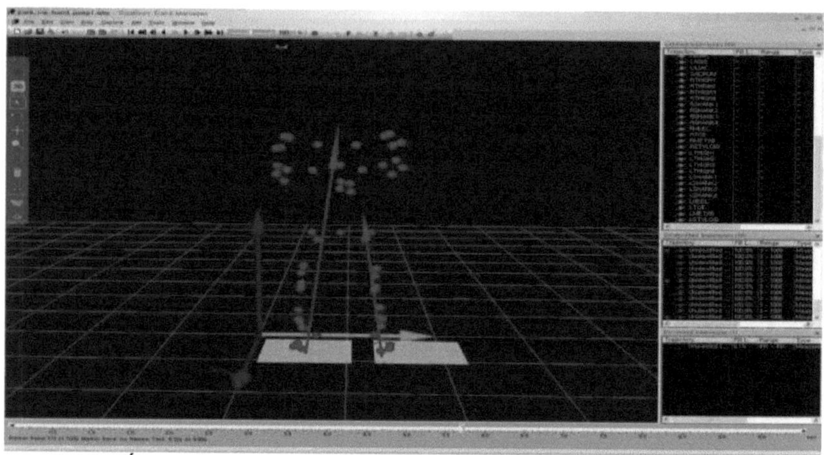

<Figure 2-15> Écran de mesure de capture de mouvement.

4) Étiquetage du marqueur de données de capture de mouvement enregistré
- L'étiquetage est le processus d'attribution de noms de position spécifiques à chaque marqueur dans les données de posture statique et les données de capture de mouvement enregistrées précédemment. Un nom spécifique doit être attribué à chaque marqueur pour analyser l'amplitude des mouvements et l'angle de rotation des articulations. Placez le curseur dans la fenêtre Trajectoire étiquetée parmi les fenêtres de tâches sur le côté droit et cliquez avec le bouton droit de la souris ; cliquez sur Ajouter une nouvelle étiquette et saisissez le nom de chaque marqueur à utiliser dans l'expérience.

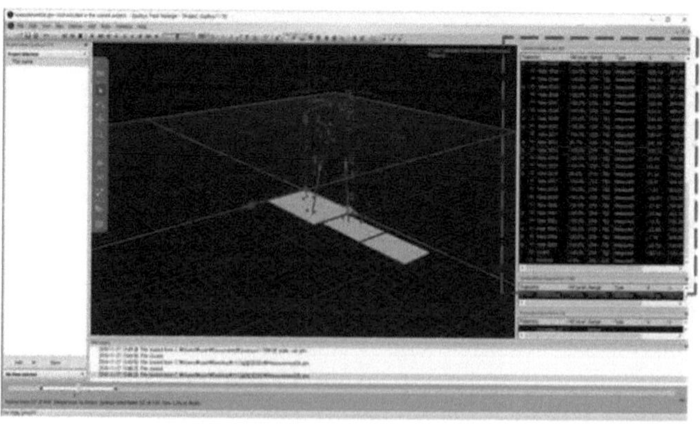

<Figure 2-16> Processus d'étiquetage des marqueurs (boîte en pointillés).

- Cliquez sur Identification rapide **ID** dans la barre de tâches située à gauche de l'écran, puis sélectionnez le marqueur correspondant au nom du marqueur qui a été défini précédemment pour la reconnaissance.

- Comme une seule image est nécessaire pour les données de posture statique, le nom de chaque marqueur peut être attribué à l'image où aucun marqueur n'a été perdu parmi toutes les périodes photographiées pendant 2 à 3 secondes.

- Le début et la fin du cadre de données au bas de l'écran peuvent être définis.

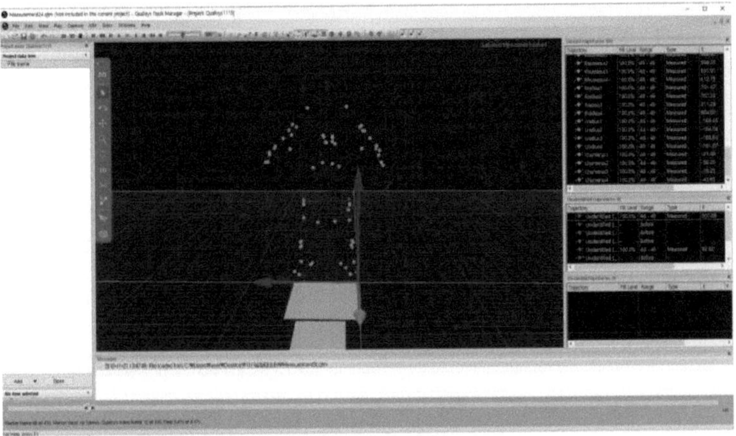

<Figure 2-17> Écran d'étiquetage pour chaque marqueur.

- Dans les fenêtres de trajectoire étiquetée pour lesquelles l'étiquetage a été effectué, vérifiez si le niveau de remplissage des marqueurs étiquetés est de 100 %. Le niveau de remplissage des données de posture statique est toujours reconnu comme étant de 100% si aucun marqueur n'est perdu dans une image, alors que le niveau de remplissage des données de capture de mouvement peut ne pas être de 100% s'il y a des sections où certains marqueurs ne sont pas reconnus.

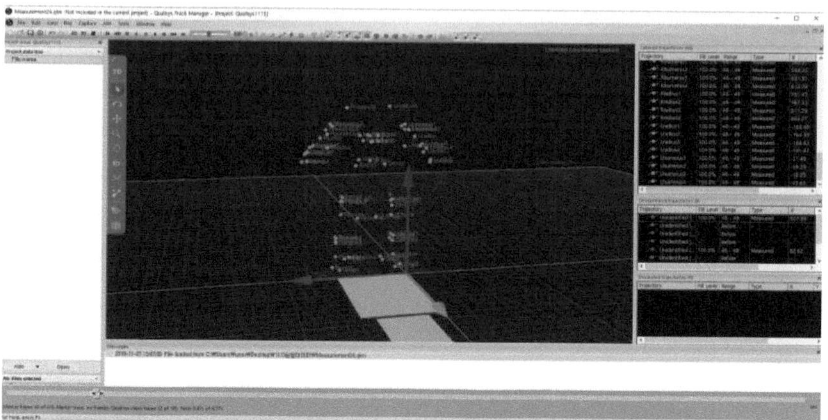

<Figure 2-18> Écran de reconnaissance des marqueurs après la fin de l'étiquetage.

- Une fois les marqueurs reconnus, vérifiez si tous les marqueurs de la plage d'images sont reconnus correctement grâce au niveau de remplissage.

- Cliquez sur Quick Bone Create. Ensuite, cliquez successivement sur le premier os et sur l'os suivant pour les connecter. D'autres os peuvent être connectés en cliquant sur différents points de marquage. Enfin, cliquez sur l'icône Enregistrer et saisissez le nom du fichier.

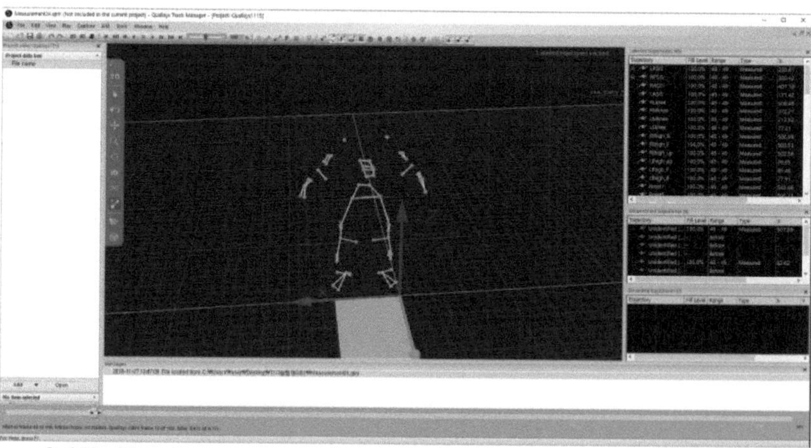

<Figure 2-19> Structure osseuse achevée après étiquetage.
- Une fois les étapes ci-dessus terminées, un fichier est créé pour analyser les données telles que l'angle de rotation et le mouvement du corps pendant la capture du mouvement dans le logiciel 3D visuel.

- Reportez-vous au logiciel Visual 3D (chapitre 5) pour connaître le processus spécifique d'analyse du mouvement.

3. S'entraîner à utiliser un appareil d'analyse du mouvement

1) Effectuer l'étalonnage pour utiliser un appareil d'analyse du mouvement.

2) Fixez des marqueurs sur le corps pour mesurer la valeur de l'angle et la valeur du mouvement pour les mouvements des membres supérieurs du participant.

3) Enregistrez les données comportementales de l'exécution de la tâche (capture de mouvement) pour l'évaluation de la convivialité d'un dispositif de traitement à basse fréquence, et vérifiez les données enregistrées.

Chapitre 3. Utilisation d'un dispositif de mesure de la force de réaction du sol (GRF) (plaque de force)

1. Introduction d'un dispositif de mesure du GRF (plateau de force)

Un dispositif de mesure GRF (FP6090/Bertec Co.) mesure la force de réaction du sol par rapport à la force d'impact lorsqu'un corps humain marche sur une plaque ou qu'un objet heurte une plaque d'équipement, amplifie l'information analogique de directionnalité et convertit cette mesure en données numériques. La force de réaction au sol est générée en réaction à la force du corps humain et à la force gravitationnelle ; les forces agissant à l'intérieur et à l'extérieur du corps humain, qui provoquent des mouvements, sont mesurées. Les données relatives au corps humain peuvent être collectées pour améliorer la satisfaction des utilisateurs ou la qualité des produits en fournissant des données quantitatives sur les mouvements optimaux des utilisateurs dans une évaluation de la convivialité.

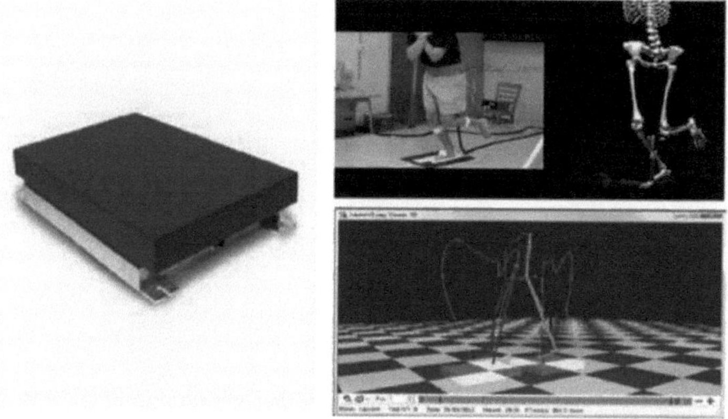

<Figure 3-1> Dispositif de mesure GRF et environnement d'installation

<Tableau 3-1> Configuration matérielle de l'appareil de mesure GRF

Nom	Photo	Description
Plaque de force		Plaque de réaction au sol
Amplificateur d'entrée/sortie		Amplificateur utilisé pour la conversion et l'amplification du signal
Logiciel QTM		Logiciel permettant de sauvegarder la valeur de GRF dû aux mouvements

2. Comment utiliser un dispositif de mesure du GRF (plaque de force)

1) Connexion d'un plateau de force et d'un ordinateur pour la mesure du GRF
- Après avoir installé le programme QTM, allez dans Démarrer - Programme - Qualisys sous Windows et exécutez le serveur DHCP.

- Une fois le serveur DHCP exécuté, l'icône du serveur DHCP apparaît dans la barre des tâches dans le coin inférieur droit de l'écran. Après avoir cliqué sur l'icône, cliquez sur l'assistant de configuration (Figure 3-2).

<Figure 3-2> Ecran de l'icône du serveur DHCP

- Lorsque la fenêtre d'installation apparaît, trois options d'installation sont proposées. Ici, sélectionnez le bouton tout en haut et cliquez sur Next (Figure 2-3). Sur l'écran suivant, cliquez sur LAN connection et cliquez sur More.

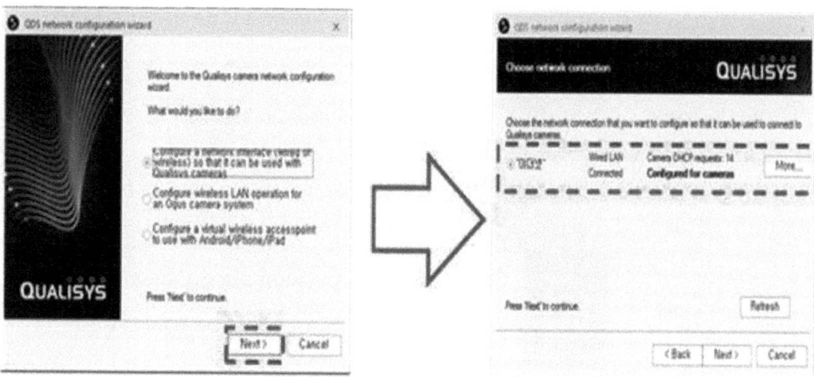

<Figure 3-3> Méthode de réglage du serveur

- Comme une adresse IP spécifique et des informations sur le masque d'adresse IP sont nécessaires pour connecter la caméra infrarouge et le logiciel via Internet, entrez les informations IP et cliquez sur OK (Figure 3-4). (L'adresse IP doit être confirmée car le système Qualisys est connecté via un réseau local).

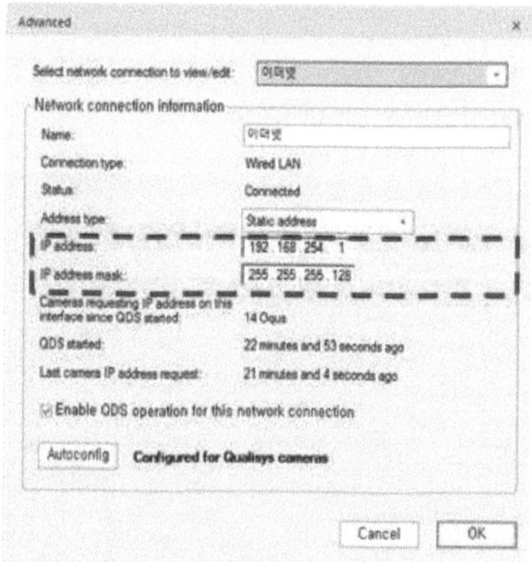

<Figure 3-4> Méthode de réglage du serveur
- Double-cliquez sur l'icône Qualisys Track manager créée sur le bureau et exécutez le programme QTM. Ensuite, créez un nouveau projet si vous souhaitez appliquer la configuration par défaut ou importez un projet si la configuration précédente est utilisée.

- Dans la barre de menu de l'écran initial, cliquez sur l'option Outil >> Projet.

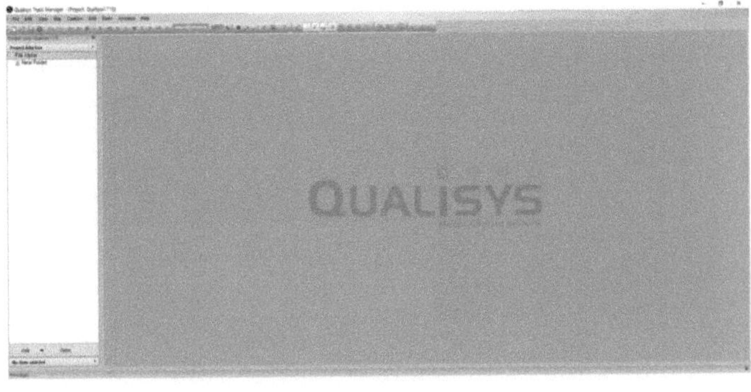

<Figure 3-5> Écran initial d'exécution du programme QTM.

- Dans Options du projet, sélectionnez Système de caméra et cliquez sur Localiser le système sur le côté droit. Ensuite, la caméra connectée à l'ordinateur est numérisée (Figure 3-6). Une fois que toutes les caméras connectées sont numérisées, cliquez sur OK.

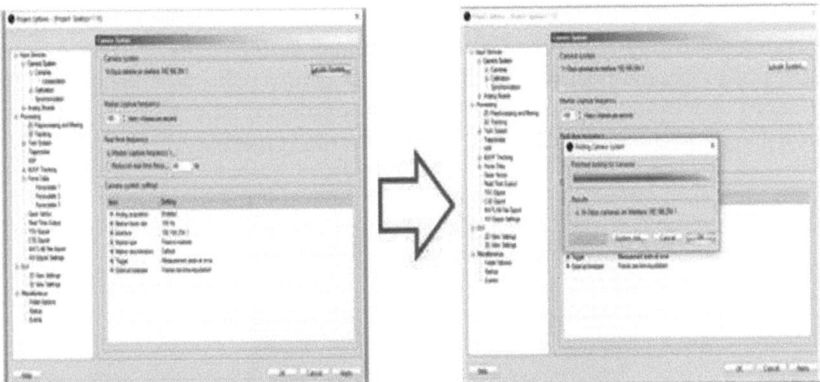

<Figure 3-6> Paramétrage de la connexion de la caméra dans les options du projet.
- Ouvrez une nouvelle fenêtre et vérifiez si la caméra fonctionne correctement comme indiqué ci-dessous (Figure 3-7).

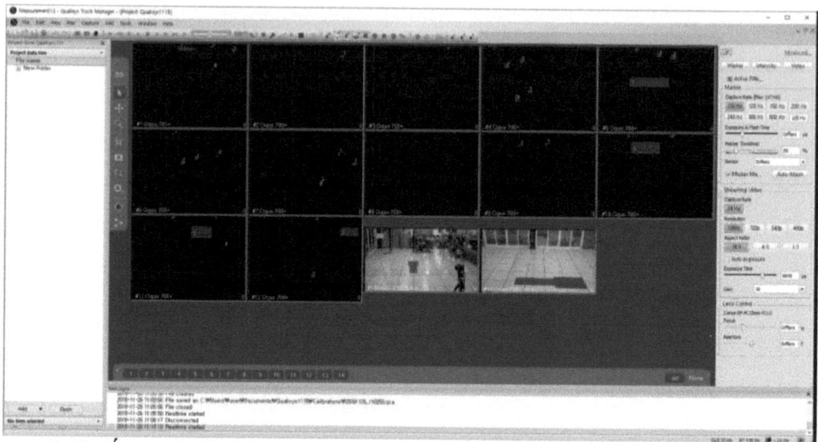

<Figure 3-7> Écran initial de vérification de la connexion de la caméra.

2) Réalisation d'un étalonnage pour mesurer le GRF
- Après avoir terminé l'étalonnage au chapitre 2, procédez à l'étalonnage du dispositif de mesure du GRF.

- Sélectionnez un nouveau projet pour déterminer l'emplacement d'une plaque de force, et placez les marqueurs réfléchissants aux quatre coins de la plaque de force. Un numéro spécifique doit être attribué à un marqueur réfléchissant, il faut donc veiller à ce que les numéros ne soient pas intervertis (Figure 3-8).

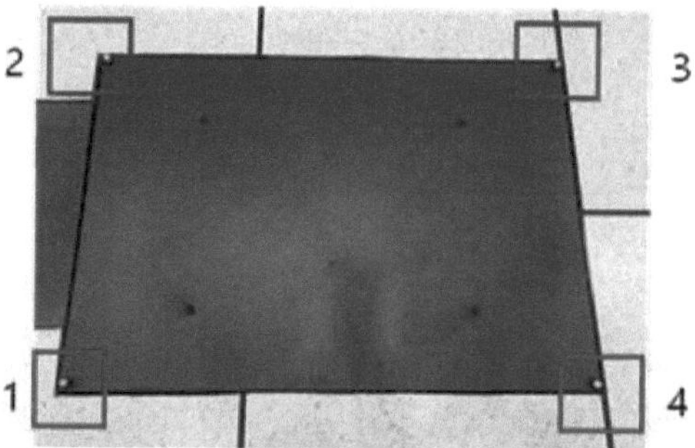

<Figure 3-8> Emplacement de la fixation du marqueur réfléchissant et méthode de réglage du numéro.

- Dans le programme QTM, cliquez sur 3D dans le menu et quatre marqueurs apparaîtront. Cliquez sur le bouton Capturer pour capturer les quatre marqueurs pendant 2-3 secondes.

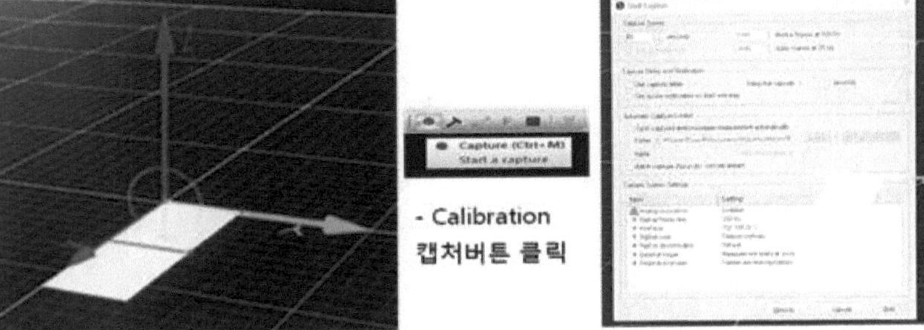

<Figure 3-9> Processus d'étalonnage

- Pour étiqueter et attribuer des noms à chaque marqueur, cliquez sur ID, puis cliquez sur chaque marqueur avec une souris en partant du bas à gauche dans le sens inverse des aiguilles d'une montre.

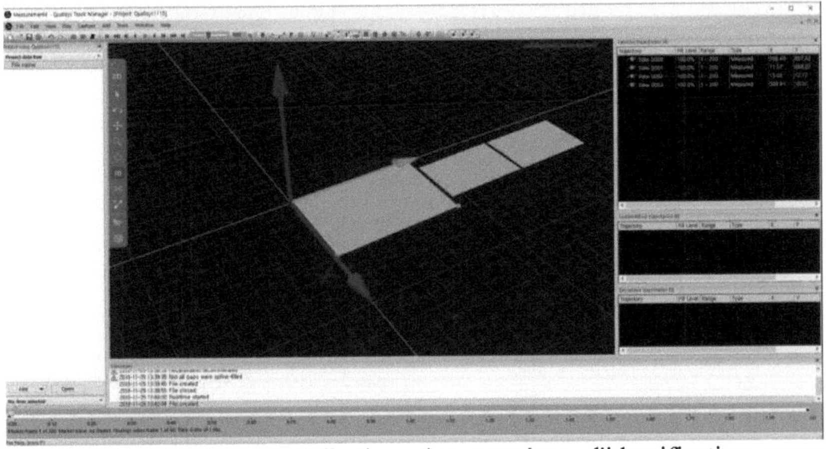

<Figure 3-10> Méthode d'attribution des numéros d'identification pour les marqueurs réfléchissants.

- Allez dans Paramètres, générer, appliquer, et cliquez sur OK.

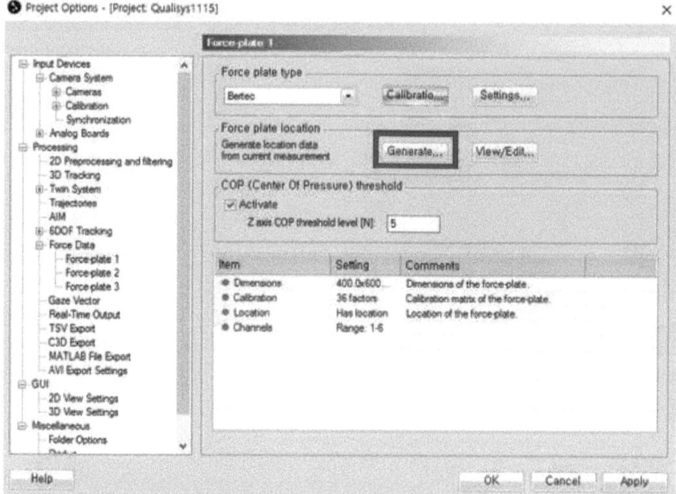

<Figure 3-11> Écran des paramètres

- Après avoir retiré les marqueurs réfléchissants d'une plaque de force, marchez sur la plaque de force pour vérifier si la force de réaction est correctement mesurée (Figure 3-11).

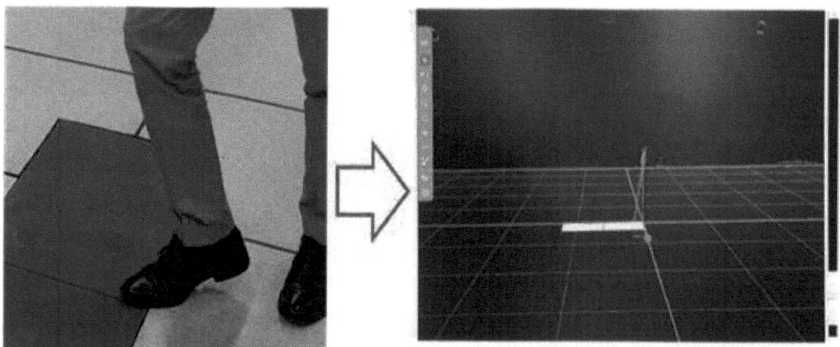

<Figure 3-11> Mouvement de vérification du GRF et vérification de la valeur du GRF après étalonnage.

3) Mesure du GRF et sauvegarde des données
- Les mesures sont prêtes à être prises une fois les réglages terminés. Cliquez sur le bouton Capture pour procéder à l'expérience.

- Cliquez sur le bouton Stop lorsque l'expérience est terminée. Cliquez sur Ctrl + D et l'écran ci-dessous apparaît. Cliquez sur le bouton droit de la souris et confirmez les données GRF. En outre, cliquez sur le bouton droit de la souris et le graphique de chaque donnée de plaque de force peut être vérifié.

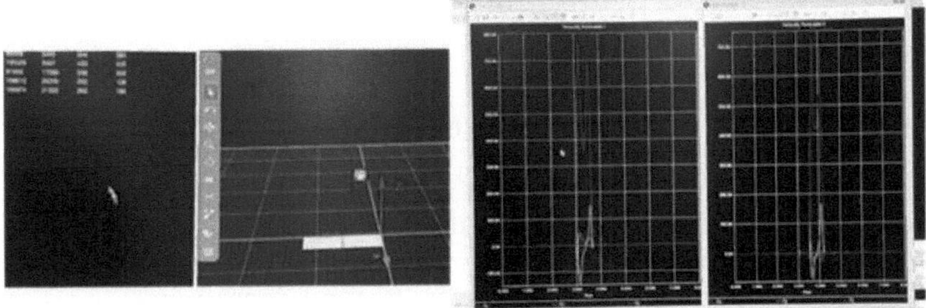

<Figure 3-12> Confirmation des données GRF et représentation graphique des données.

- Une fois les étapes ci-dessus terminées, un fichier est créé pour analyser les GRF liés aux mouvements d'un corps humain dans le logiciel visual 3D.

- Reportez-vous au logiciel Visual 3D (chapitre 5) pour connaître le processus spécifique d'analyse du mouvement.

3. S'entraîner à utiliser un appareil de mesure du GRF.

1) Effectuer l'étalonnage pour utiliser un appareil de mesure du GRF.

2) Vérifier la capacité d'équilibrage d'un corps humain par rapport à la marche dans des graphiques basés sur l'évaluation de la marche du participant.

3) Enregistrez les données comportementales de la performance de la tâche (analyse de la marche) pour l'évaluation de la convivialité d'une aide à la marche, et vérifiez les données enregistrées.

Chapitre 4. Utilisation d'un appareil de mesure de l'électromyogramme (EMG)

1. Introduction d'un dispositif de mesure EMG (plaque de force)

Un appareil de mesure EMG (Mini Wave Infinity, Cometa Co.) envoie aux électrodes, par l'intermédiaire des patchs fixés sur la peau, des signaux électriques d'activation musculaire générés lors d'un mouvement du corps, et les signaux sont ensuite reçus en retour au niveau du corps principal pour analyser les signaux électriques d'activation musculaire. Les patchs et les électrodes sont fixés sur les muscles de surface qui sont mesurés avant l'expérience, et l'activation électrique des muscles peut être examinée lorsqu'un mouvement est effectué. Un dispositif de mesure EMG est efficace pour évaluer la charge corporelle liée à l'utilisation d'un produit en mesurant l'activation musculaire dans l'évaluation de la convivialité.

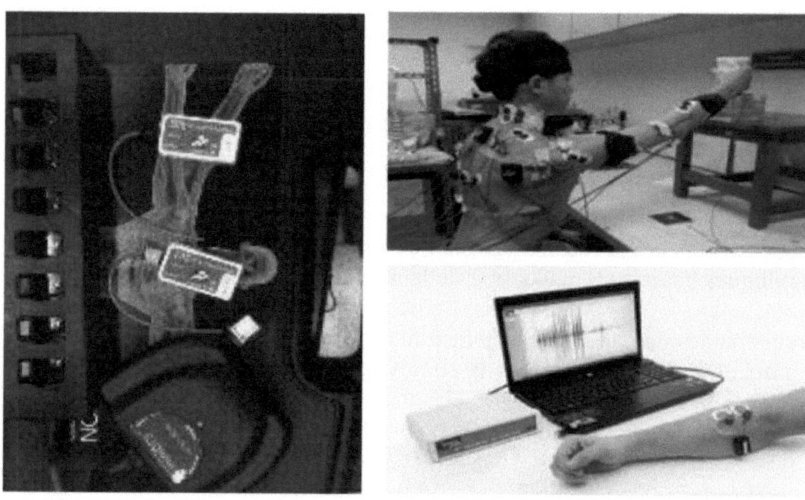

<Figure 4-1> Dispositif de mesure EMG et environnement d'installation.

<Tableau 4-1> Configuration matérielle de l'appareil de mesure EMG

Nom	Photo	Description
Capteur EMG (8 canaux)		Capteur pour mesurer les signaux électriques de l'activation musculaire
Récepteur		Dispositif de lecture des données du capteur EMG par Bluetooth
Logiciel	EMGandMo...	Collecte et analyse des données de mesure de l'EMG.

2. Comment utiliser un appareil de mesure EMG

1) Fixation des capteurs EMG sur le corps
- Les capteurs EMG sont fixés lors d'une évaluation EMG sur les parties présentant la plus grande activation musculaire. En général, les capteurs EMG sont fixés sur les parties où le volume musculaire est le plus épais (le plus dur) lorsque les muscles sont tendus. Les capteurs EMG sont fixés sur le corps en attachant les capteurs qui peuvent transmettre les données EMG aux patchs fixés sur la peau.

- Il faut veiller à ce qu'il n'y ait aucun contact entre les patchs et les capteurs EMG pendant l'évaluation EMG. Si les patchs ou les capteurs EMG entrent en contact avec d'autres objets, une analyse ne peut être effectuée avec précision en raison des bruits dans les signaux EMG.

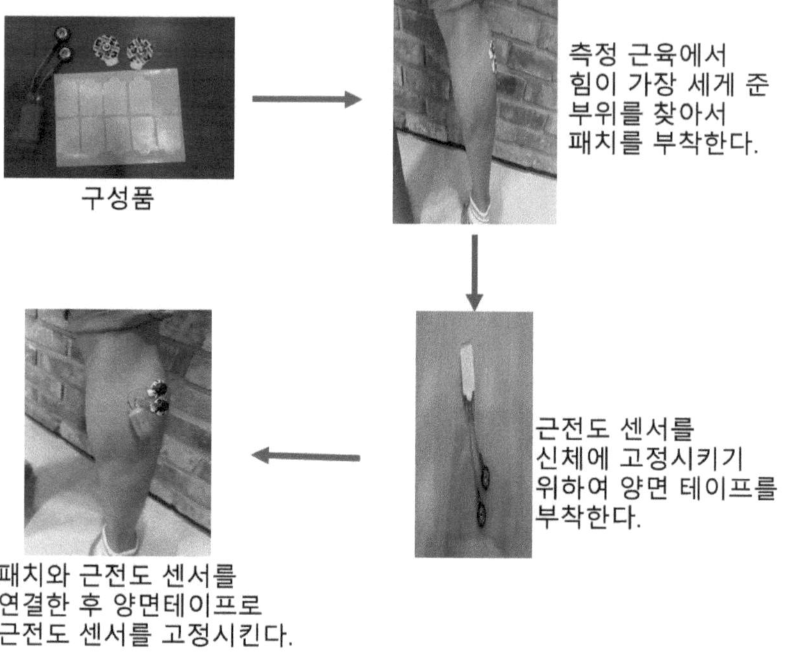

<Figure 4-2> Ordre de fixation du capteur EMG (emplacement de la mesure : [Gestrocnémien latéral droit]).

2) Calibrage des capteurs EMG et des noms de muscles
- Pour évaluer l'EMG, le récepteur qui reçoit les données des signaux EMG transmis par les capteurs EMG doit d'abord être connecté à l'ordinateur.

- Connectez trois antennes au récepteur et utilisez un câble USB pour vous connecter à un ordinateur portable.

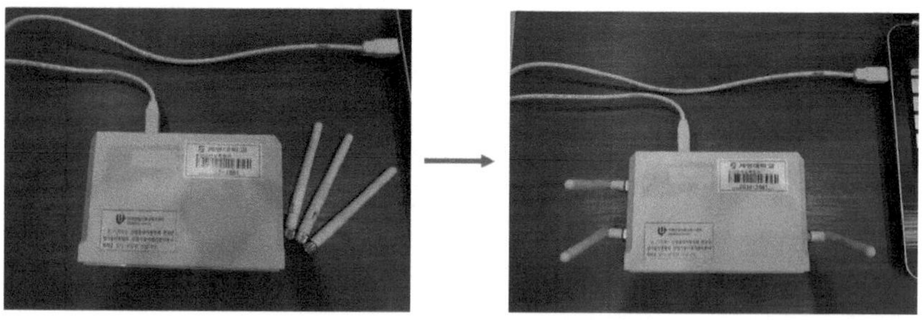

<Figure 4-3> Raccordement du récepteur pour l'évaluation EMG.

- Cliquez sur l'icône "EMGandMo..." sur le bureau pour lancer le programme. Lorsque le programme est en cours d'exécution, cliquez sur le bouton "Paramètres" en haut de l'écran.

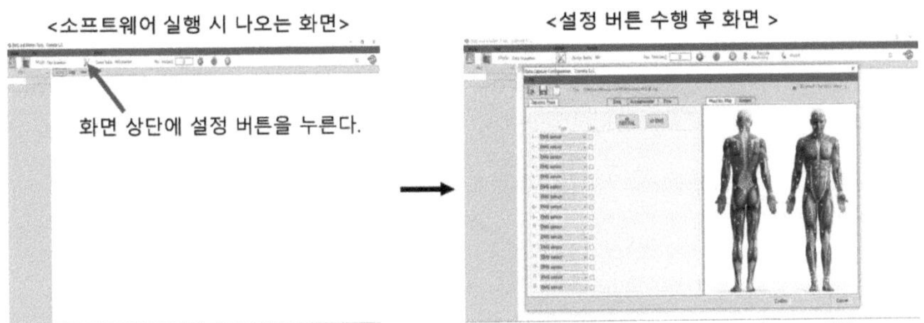

<Figure 4-4> Importation d'une fenêtre de paramètres pour le calibrage des localisations musculaires et des capteurs EMG.

- Cliquez sur l'onglet EMG dans la fenêtre "Data Capture Configuration". L'onglet EMG sur le côté gauche montre les informations du capteur EMG, tandis que l'onglet Muscles Map sur le côté droit permet aux utilisateurs de sélectionner l'emplacement anatomique des muscles.

- Dans l'onglet EMG, les capteurs EMG utilisés doivent être activés. Utilisez le bouton "On/Off" sur le côté droit pour activer ou désactiver les capteurs EMG.

- Cliquez avec le bouton droit de la souris sur le muscle à mesurer dans la carte des muscles et faites-le glisser pour l'amener dans la fenêtre du nom du capteur EMG dans l'onglet EMG ; répétez l'opération pour le nombre de capteurs EMG afin de définir tous les capteurs EMG et cliquez sur le bouton Confirmer pour terminer la calibration des capteurs EMG et des noms de muscles.

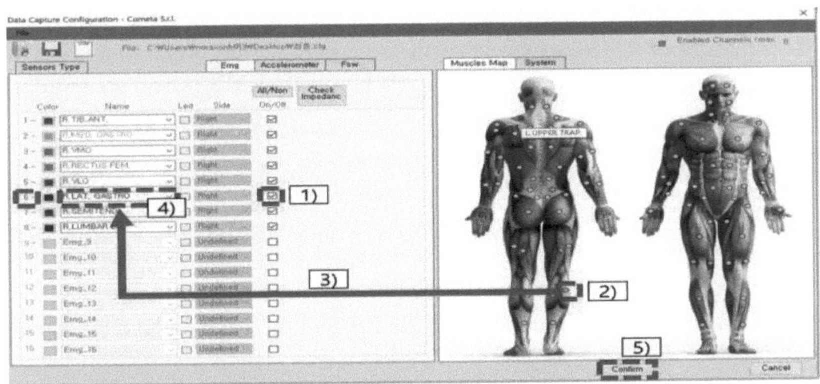

<Figure 4-5> Ordre de réglage pour l'étalonnage des noms de muscles et des capteurs EMG.

3) Vérification des signaux des capteurs EMG et mesure de la contraction isomérique volontaire maximale (MVIC) ou de la contraction volontaire de référence (RVC).
- Une fois les réglages terminés, le nom du muscle de chaque capteur EMG peut être vérifié dans la partie gauche de l'écran.

- Il y a trois boutons en haut au centre : le bouton de gauche est " Préparer l'enregistrement ", le bouton du milieu est " Démarrer l'enregistrement " et le bouton de droite est " Terminer l'enregistrement ". "

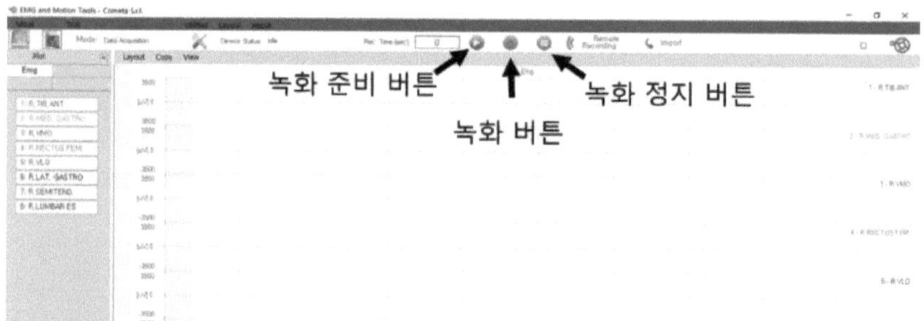

<Figure 4-6> Configuration des boutons nécessaire pour la mesure de l'EMG.

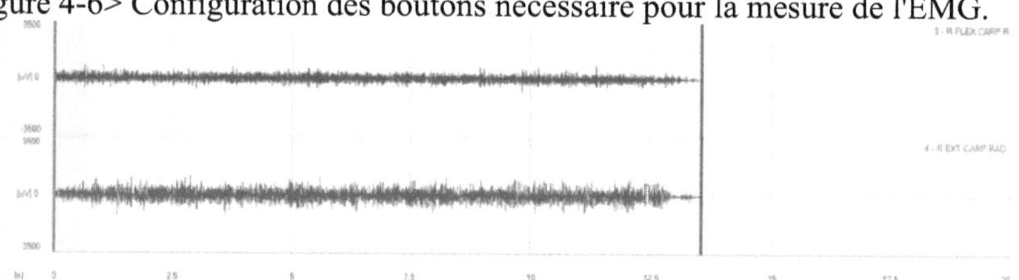

<Figure 4-7> Écran de mesure du signal lors de la mesure de l'EMG.

- Après avoir confirmé que les signaux sont correctement reçus par les capteurs EMG sans bruit, il faut d'abord mesurer le MVIC ou le RVC avant d'évaluer l'utilisabilité.

- MVIC est la valeur RMS lorsque le participant applique la contraction isométrique maximale à un muscle, tandis que RVC est la valeur RMS lorsqu'un mouvement spécifique est effectué.

- Le MVIC ou le RVC est mesuré parce que ces valeurs deviennent la référence pour déterminer l'étendue de l'activation musculaire lors de l'exécution d'une tâche d'évaluation de la convivialité et que les valeurs du MVIC ou du RVC sont définies comme 100% dans une évaluation EMG.

4) Enregistrement des données EMG lors de l'exécution d'une tâche d'évaluation de l'utilisabilité

- Cliquez sur le bouton d'arrêt pour terminer la mesure de l'EMG, puis la fenêtre Enregistrer apparaît automatiquement. Indiquez le chemin du fichier et vérifiez si l'extension du fichier est *.C3D ; choisissez un nom de fichier et enregistrez.

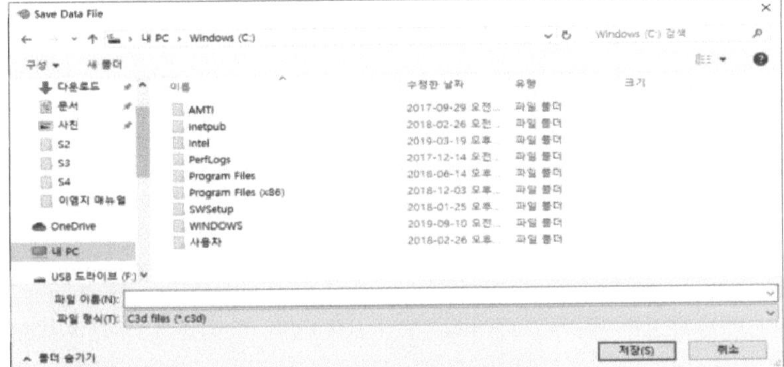

<Figure 4-8> Sauvegarde des données EMG

3. S'entraîner à utiliser un appareil de mesure EMG

1) Désignez le nom du muscle dans les capteurs EMG pour utiliser un appareil de mesure EMG.

2) Mesurez le MVIC ou le RVC avant d'évaluer pour mesurer l'EMG du participant.

3) Mesurer l'EMG du haut du corps pendant l'exécution de la tâche pour l'évaluation de l'utilisabilité d'un fauteuil roulant électrique et vérifier les données enregistrées.

Chapitre 5. Analyse du comportement à l'aide du logiciel Visual3D

1. Introduction du logiciel Visual3D

Visual3D (C-Motion Co.) est le meilleur outil d'analyse biomécanique pour analyser les données de mouvement et de force recueillies dans la plupart des systèmes de capture de mouvement 3D. Visual3D est un algorithme de traitement du signal disponible dans le commerce et une boîte à outils de méthodes dont la documentation sur les matériaux de recherche concernant la cinétique humaine est fournie sur le site web du tutoriel Visual3D. Le logiciel peut fournir des informations pour le développement de produits ergonomiques en analysant les changements dans la force et les mouvements des utilisateurs du produit dans une évaluation de l'utilisabilité.

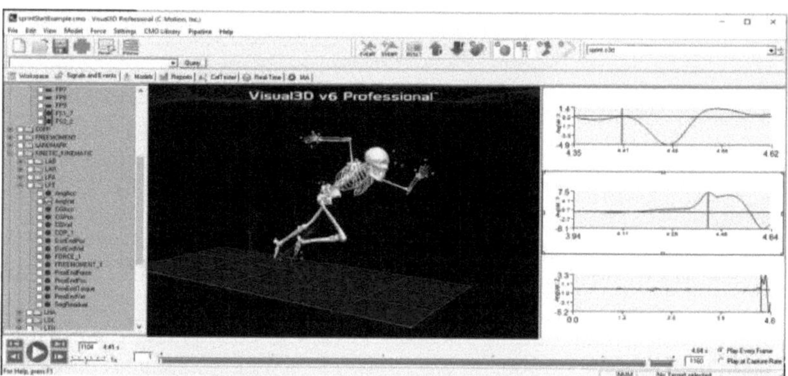

<Figure 5-1> Logiciel Visual3D

2. Comment utiliser le logiciel Visual3D

1) Conversion du fichier de données mesurées dans le système QTM en un format C3D
- Un fichier .qtm fourni par le système QTM ne peut pas être lu dans le logiciel Visual3D. Par conséquent, un fichier .qtm doit être converti en un fichier .C3D dans le système QTM pour être lu dans Visual3D.

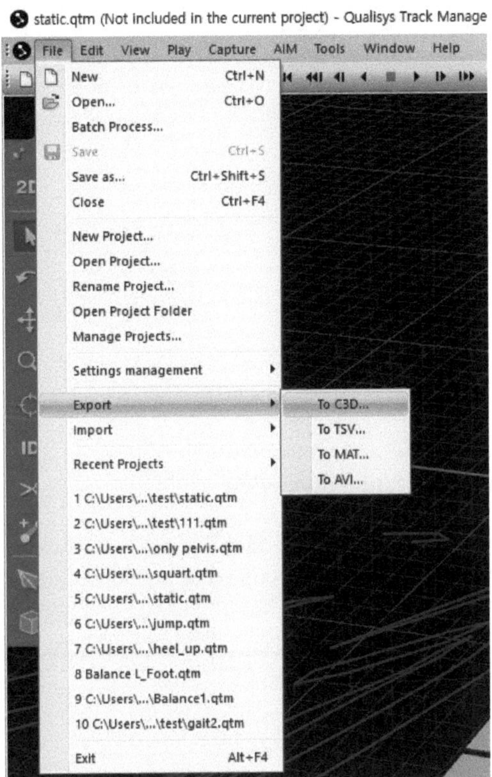

<Figure 5-2> Conversion d'un fichier .qtm en un fichier .C3D

2) Création d'un fichier modèle dans Visual3D
- Un fichier modèle doit être créé avant d'effectuer une analyse du mouvement après avoir lu le fichier de posture statique (.C3D) et le fichier de performance de la tâche (.C3D) créés dans le système QTM.

- Dans la barre de menu en haut de l'écran, allez à Modèle -> Créer -> Modèle hybride à partir de C3DFile pour importer un fichier de posture statique.

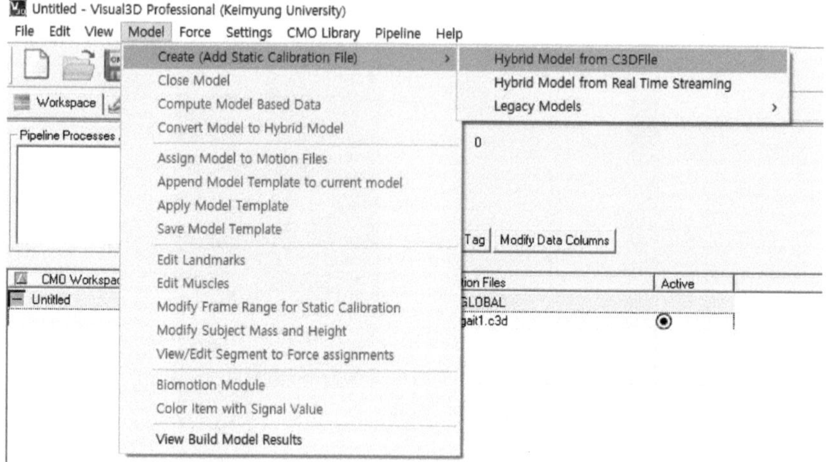

<Figure 5-3> Chemin de création du modèle

- Importez un fichier de performance de tâche et créez un fichier de mouvement. Le fichier de performance de la tâche est connecté au fichier de posture statique pour unifier le modèle de posture de base.

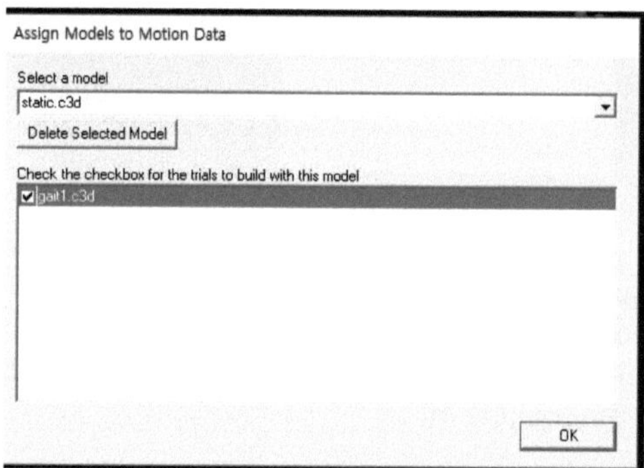

<Figure 5-4> Connexion d'un fichier d'exécution de tâches avec le fichier de la posture statique réalisée simultanément.

- Sélectionnez l'onglet Modèle et créez un modèle avec un cadre dans le fichier d'exécution des tâches. Cliquez sur le bouton Segments dans l'onglet Modèle, sélectionnez Coda comme type de segment, puis cliquez sur le bouton Créer pour créer le bassin.
- Lors de la création du bassin, saisissez les informations relatives à la taille et au poids du participant et désignez les informations relatives au marqueur.

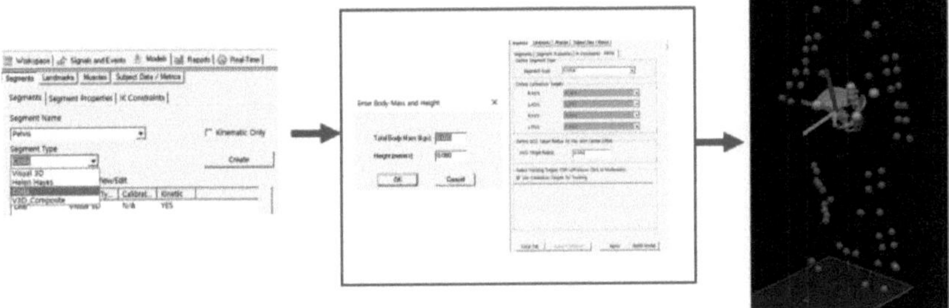

<Figure 5-5> Ordre de création des modèles

- Lors d'une évaluation de la marche, il est nécessaire de créer un modèle osseux anatomique pour les articulations des membres inférieurs ; il faut donc sélectionner successivement le Nom du segment et le Type de segment pour créer un os anatomique. Les Figures 5-6 et 5-7 montrent le processus de création d'un os de cuisse droite.

- La figure 5-6 montre la sélection de la cuisse droite comme nom de segment et de Visual 3D comme type de segment pour créer un os de cuisse droite.

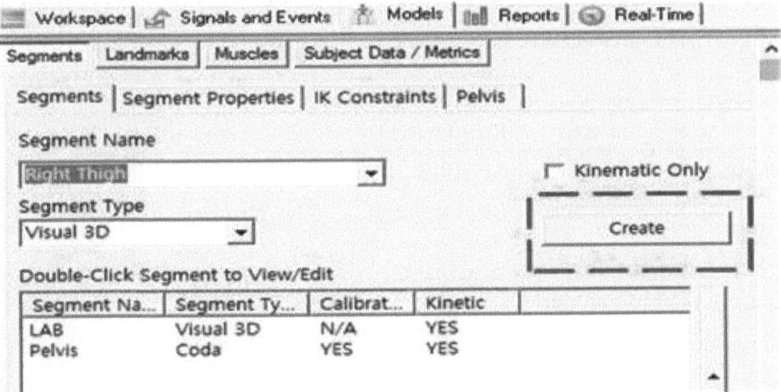

<Figure 5-6> Paramètres de création d'un modèle osseux anatomique.

- La figure 5-7 montre la sélection des marqueurs ayant les informations de l'os de la cuisse droite créé et la saisie des informations du marqueur.

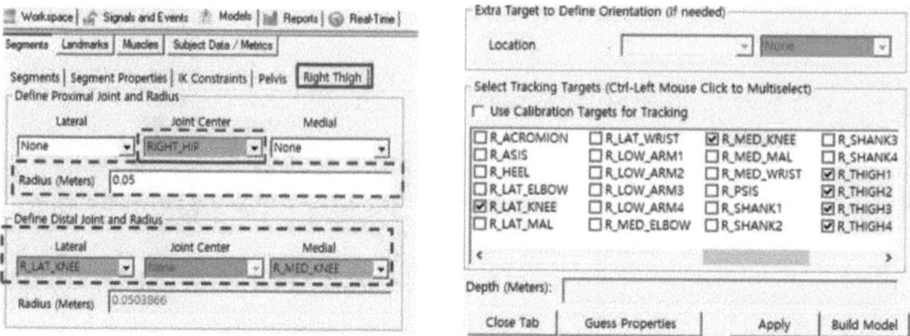

<Figure 5-7> Réglage des informations de marquage de l'os généré et sélection des informations d'étiquetage du marqueur.

- Consultez le tableau 5-2 pour obtenir des informations sur les marqueurs de réglage lors de la génération d'autres os.

<Table 5-2> Réglage d'étiquetage des marqueurs pour la création d'os pendant la modélisation.

Noms des os	Articulation proximale		Articulation distale	
	Latéral	Médian	Latéral	Médian
Shake	R/L_plat_genou	R/L_med_knee,	R/L_lat_mal	R/L_med_mal
Pied	R/L_lat_mal	R/L_med_mal	R/L_5ème_toe	R/L_1e_toe
Thorax/ab	Rt_ASIS	Lt_ASIS	Rt_acromion	Lt_acromion
Tête	Rt_Acromion	Lt_Acromion	Rt_Head	Lt_Head
Bras supérieur	Centre de l'articulation = R/L_Shoulder_jt		R/L_lat_coude	R/L_med_elbow
Avant-bras	R/L_lat_coude	R/L_med_elbow	R/L_plat_poignet	R/L_med_wrist
Main	R/L_plat_poignet	R/L_med_wrist	Centre de l'articulation = R/L_hand	

- Cliquez sur Propriétés du segment, puis cliquez sur Parcourir sur le côté droit du fichier de modèle, et sélectionnez le fichier Right/Left handwristtobaseoffinger.v3g.

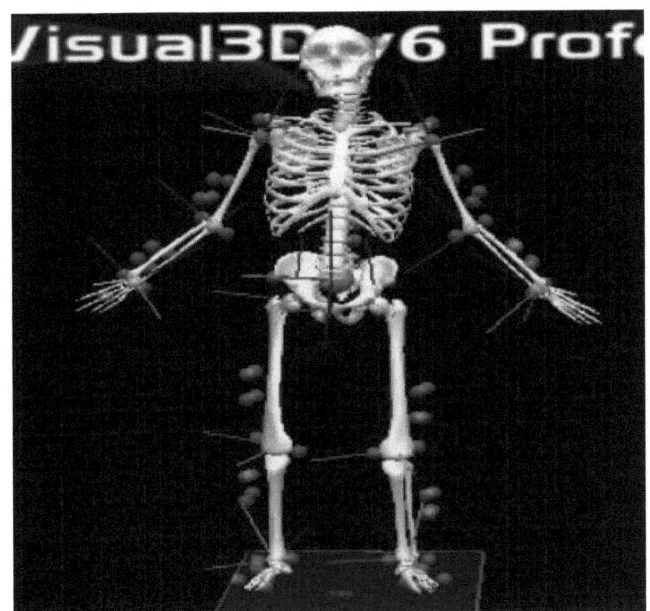

<Figure 5-8> Écran de résultat de modélisation achevée.

3) Création d'un pipeline d'analyse du mouvement
- Un pipeline peut créer un type de fichier batch permettant d'analyser simultanément l'application d'un filtre (filtre passe-haut, filtre passe-bas) et l'angle de rotation des articulations et d'effectuer un prétraitement à l'aide d'un fichier dont la modélisation est terminée.

- L'illustration 5-9 montre comment créer un fichier batch d'analyse dans un pipeline.

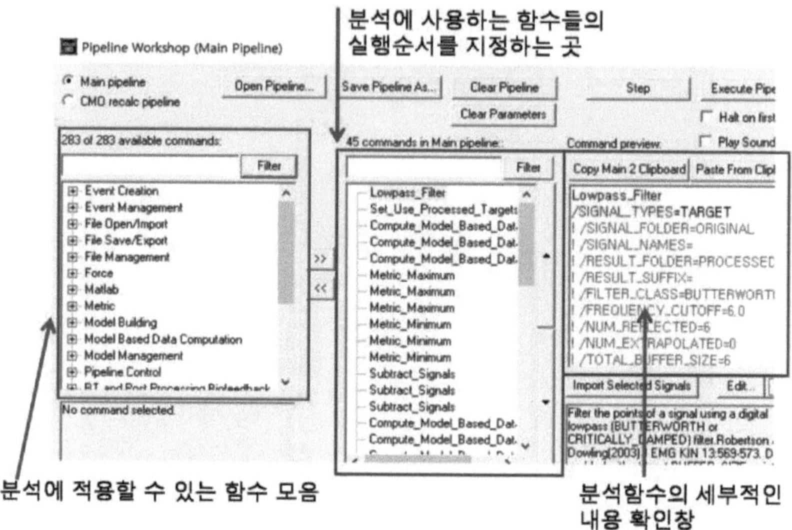

<Figure 5-9> Fonction et réglages du pipeline

- Un filtre passe-bas est d'abord appliqué dans la plupart des pipelines, puis les angles de rotation et le centre de pression (COP) sont analysés. Dans la fenêtre de l'atelier Pipeline, il y a des boutons Step et Execute pipeline dans la section supérieure droite ; le bouton Step permet d'exécuter les fonctions séquentiellement, tandis que le bouton Execute pipeline permet d'exécuter toutes les fonctions, pour lesquelles l'ordre a été désigné, du début à la fin.

- Les données analysées à l'aide d'un pipeline sont enregistrées en créant un nom de dossier (par exemple, PROCESSED) dans le RESULT_FOLDER de la case située à droite de la figure 5-9.

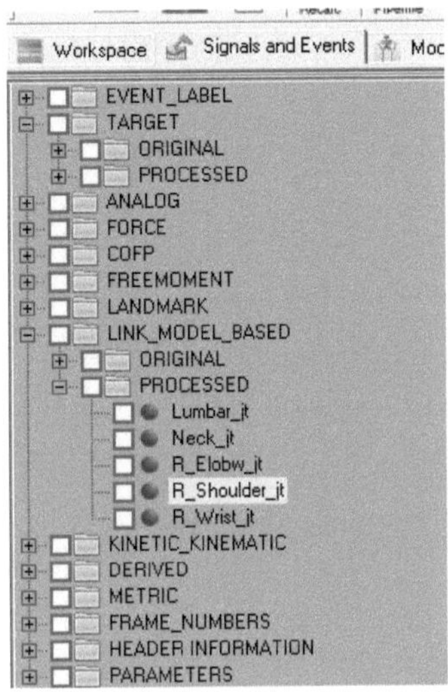

<Figure 5-10> Exemple de vérification du chemin enregistré des données de résultat d'analyse.

3. S'entraîner à utiliser le logiciel Visual3D

1) Créez un fichier C3D dans le système QTM.

2) Importez le fichier de posture statique et le fichier d'exécution des tâches du système Visual3D et créez un modèle.

3) Créer un pipeline capable d'extraire la valeur de la plaque de force et l'angle de rotation d'un joint de mouvement à partir du système Visual3D.

4) Vérifier les données de résultat déduites à l'aide du pipeline.

Partie 2. Évaluation de la convivialité basée sur la cognition et la sensibilité humaines

Chapitre 6. Cas d'évaluation de l'utilisabilité basés sur la cognition et les analyses de sensibilité

1. Nécessité des analyses de cognition et de sensibilité dans une évaluation de la convivialité

Les utilisateurs peuvent juger différents facteurs d'une évaluation de la convivialité (efficacité/efficience/satisfaction) pour l'utilisation de certains produits, où les réactions physiques pour faire des jugements sont intuitivement basées sur la cognition et la sensibilité. Dans une évaluation de la convivialité basée sur la cognition et la sensibilité, les réactions des biosignaux et les données comportementales liées aux réponses cognitives sont utilisées comme données de mesure. Un exemple typique d'une évaluation de la convivialité basée sur la cognition et la sensibilité consiste à déterminer si les instructions UX/UI d'un appareil numérique sont intuitives. Plus l'utilisation d'un appareil est difficile, plus la charge cognitive des utilisateurs est importante, ce qui réduit l'efficacité, l'efficience et la satisfaction d'un produit. Par conséquent, une évaluation de l'utilisabilité basée sur la cognition et la sensibilité améliore l'efficacité de la transmission des informations pour l'utilisation d'un produit.

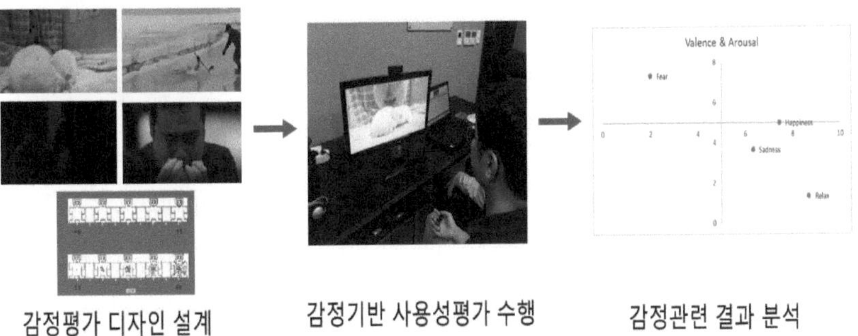

<Figure 6-1> Exemple de déduction de la charge corporelle pour l'évaluation de l'utilisabilité basée sur la cognition et les analyses de sensibilité.

2. Cas d'évaluation de la charge corporelle dans lesquels une technique d'analyse du mouvement est appliquée à l'évaluation de l'utilisabilité

Sujet : Étude sur la méthode d'évaluation de l'utilité des vélos à selle en fonction de la forme et du matériau de la selle.
(Source : Thèse publiée dans la conférence de printemps 2019 de la société d'ergonomie de Corée).

Contexte de la recherche : Plusieurs études sur la dynamique des positions de cyclisme et la conception de la hauteur du siège ont été menées pour prévenir les blessures musculaires pendant les exercices de cyclisme. Cependant, il y a un manque de recherche sur l'évaluation de la facilité d'utilisation et de la distribution de la pression en termes de forme et de matériau du siège d'un vélo couché.

Objectif de la recherche : L'objectif de cette étude est d'obtenir un modèle de chaise capable de répartir la charge appliquée aux fesses lors de l'utilisation d'une machine de vélo couché.

Méthode de recherche : Les sujets de l'expérience étaient cinq individus (âge moyen des cinq hommes : 32,2 ± 6,48 ans), qui ont roulé sur trois types de sièges différents pendant une minute, trois fois au total. Un capteur de pression de type chaise (produit : nevel.de, modèle de capteur : s2027) a été installé sur tous les sièges pour mesurer la répartition de la pression sur les fesses lors de l'utilisation d'un vélo.

<Tableau 6-1> Comparaison du matériau et de la forme de trois types de sièges.

	Type A	Type B	Type C
Image			
Forme	Siège incliné contactant les cuisses	Siège rond contactant les cuisses	Siège rond contactant les cuisses
Matériau	Matériau dur	Matériau souple	Matériau dur

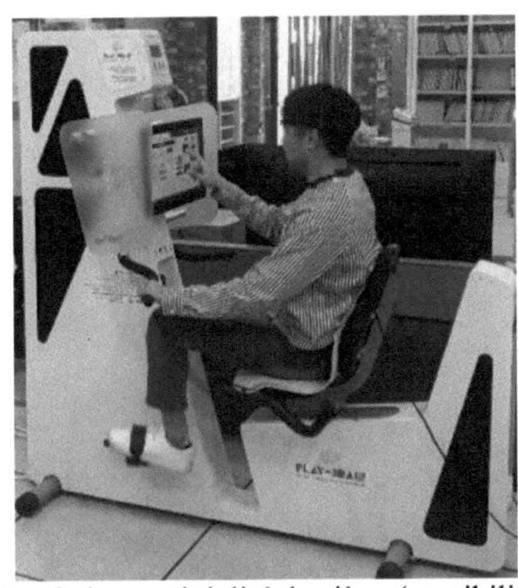

<Figure 6-2> Évaluation de la convivialité du siège (sensibilité) à l'aide d'un capteur de pression de type chaise.

Résultat : La distribution maximale et moyenne de la pression sur les fesses mesurée à l'aide d'un pressiomètre de type chaise a été calculée. La normalité des données de la distribution de la pression sur les fesses en fonction de la forme et du matériau des trois types de sièges a été vérifiée par le test de Kolmogorov-Smirnov à un échantillon ; la différence dans la distribution de la pression sur les fesses entre les types de sièges a été analysée par une ANOVA à sens unique. Les résultats de l'analyse ANOVA à sens unique n'ont pas montré de différence significative dans la distribution moyenne de la pression entre les trois types de sièges ($p = 0,42$). Cependant, comme le montre le tableau 1, la distribution de la pression maximale sur les fesses présentait une différence significative entre les trois types de sièges ($p < 0,01$). La distribution de la pression maximale sur les fesses était la plus élevée pour le type C et la plus faible pour le type B.

<Tableau 6-2> Comparaison de la distribution sur les fesses pour trois types de sièges.

	Distribution de la pression moyenne (kPa)	Distribution de la pression maximale (kPa)
Type A (matériau dur/chaise inclinée)	4.66 ± 0.78	36.07 ± 5.10
Type B (matériau souple/chaise ronde)	4.07 ± 0.65	21.68 ± 3.99
Type A (matériau dur/chaise ronde)	4.39 ± 0.60	48.27 ± 9.11
p-value	0.420	0.000

Conclusion : Lors de l'utilisation d'un vélo couché, un siège rond fait d'un matériau souple était le plus efficace pour répartir la pression sur les fesses.

Chapitre 7. Utilisation d'un système mobile de mesure multidimensionnelle des biosignaux et d'analyse intégrée

1. Introduction d'un système mobile de mesure multidimensionnelle de biosignaux et d'analyse intégrée

Un système mobile de mesure multidimensionnelle des biosignaux et d'analyse intégrée (Imotions Co.) est une plateforme d'analyse des expressions faciales et de mesure des biosignaux. Il s'agit d'un dispositif capable d'analyser la cognition et la sensibilité humaines pendant l'utilisation d'un produit en examinant les expressions faciales. En outre, la cognition humaine peut être analysée sous plusieurs angles, car les modules mesurant différents biosignaux tels que l'EEG, l'ECG, l'EMG et le GSR peuvent être synchronisés. En particulier, un module d'analyse des expressions faciales est le mécanisme central qui délivre les émotions humaines, jouant ainsi un rôle important dans l'interaction homme-ordinateur (IHM) ou l'interaction homme-robot (IHB) de la robotique lorsqu'il est utilisé de manière appropriée. Diverses réponses correspondant aux états émotionnels des utilisateurs peuvent être induites dans l'IHM, grâce auxquelles les agents de service peuvent déduire les services appropriés à fournir aux utilisateurs. L'analyse et le codage des expressions faciales sont des processus de mesure des émotions humaines basés sur les expressions faciales, qui permettent d'évaluer la facilité d'utilisation des produits et services qui induisent une excitation émotionnelle et des réactions faciales.

<Figure 7-1> Système mobile de mesure multidimensionnelle des biosignaux et d'analyse intégrée (Imotions).

<Tableau 7-1> Configuration matérielle d'un système mobile de mesure multidimensionnelle des biosignaux et d'analyse intégrée.

Nom	Photo	Description
Ordinateur portable pour exécuter le programme		Configuration du module d'analyse des sept expressions faciales Configuration du module d'analyse visuelle Configuration du module d'analyse des biosignaux
Module de mesure des biosignaux		EMG (2 canaux), ECG (2 canaux), EEG (8 canaux), module de mesure GSR
Webcam		Peut obtenir des données sur le visage lors de l'évaluation des expressions faciales

2.1 Comment réaliser une analyse des expressions faciales à l'aide d'un système mobile de mesure multidimensionnelle des biosignaux et d'analyse intégrée ?

1) Mise en place d'un plan expérimental de base et connexion de l'équipement physique pour l'évaluation des expressions faciales

- Connectez une webcam à l'ordinateur portable sur lequel le logiciel Imotions est installé et cliquez sur l'icône Imotions 7.2 sur le bureau pour lancer le programme. Sur l'écran par défaut, sélectionnez Préférences dans le menu déroulant et sélectionnez Paramètres globaux pour ouvrir une nouvelle fenêtre.

- Global Setting -> Slide Show, sélectionnez Use secondary screen puis cliquez sur OK. Ce paramètre permet au participant et à l'évaluateur de regarder les moniteurs séparément et de leur montrer des écrans différents.

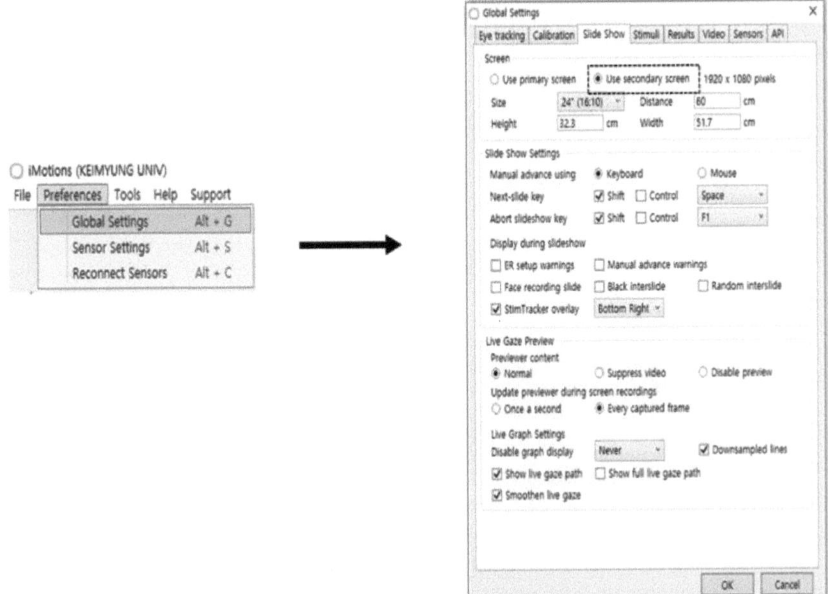

<Figure 7-2> Mise en place de moniteurs séparés pour le participant et l'évaluateur.

- Cliquez sur la croix dans un cercle jaune à côté de l'onglet BIBLIOTHÈQUE sur la gauche et créez un nouveau nom de projet d'expérience.
- Sélectionnez/ajoutez les paramètres à mesurer dans l'expérience.

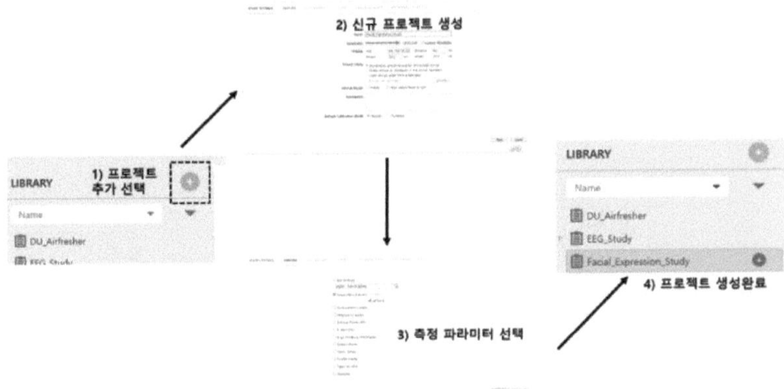

<Figure 7-3> Processus de création d'un nouveau projet (désignation/sélection des paramètres de mesure).

- Pour déterminer si les expressions faciales mesurées pendant que les utilisateurs utilisent un produit au cours d'une évaluation de la convivialité sont positives ou négatives, une image ou une vidéo du produit évalué doit être présentée au participant.

- La figure ci-dessous montre l'ordre de mise en place des stimuli dans un projet tel que photo/vidéo/site web.

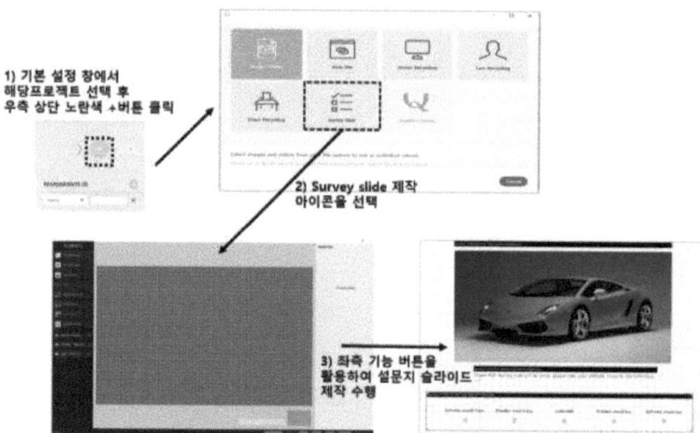

<Figure 7-4> Ordre de réalisation des stimuli des diapositives d'enquête.
※ Autre méthode de fourniture de stimuli
1. Image/vidéo : Connectez-vous en important un fichier
2. Site web : Connecter un lien vers un site web
3. Stimuli liés à l'enregistrement : ne connecter que le réglage du nom.

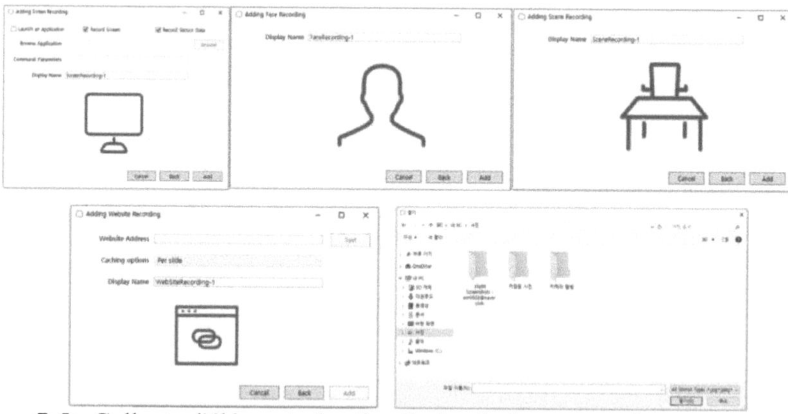

<Figure 7-5> Collecte d'éléments de stimuli visuels dans un projet.

- Différents types de stimuli visuels peuvent être définis comme indiqué ci-dessus.

- Ajoutez les informations d'un participant pour poursuivre l'expérience une fois le plan expérimental terminé.

<Figure 7-6> Ordre d'ajout d'un participant dans un projet.

2) Réalisation d'une analyse expérimentale des expressions faciales et traitement des données
- Connectez une webcam à l'ordinateur portable sur lequel Imotions 7.2 est installé, puis allez dans Global Settings/Video tab/Camera Setup et cochez Enable VideoCam Capture. Ensuite, spécifiez les informations de la caméra (HD Pro Webcam C920).

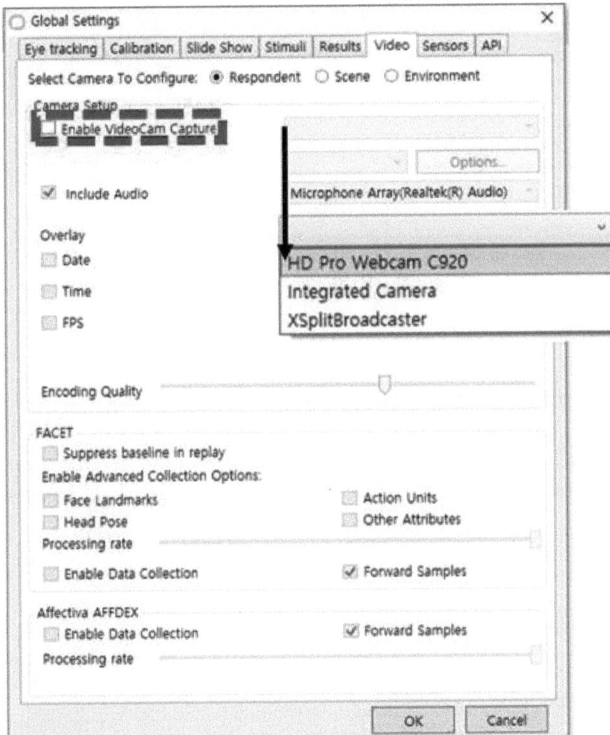

<Figure 7-7> Configuration d'une connexion webcam pour une évaluation des expressions faciales.

- Il est possible de vérifier sur l'écran de la caméra si une webcam est correctement connectée, et l'état d'activation de "Enable Data Collection" sous Affectiva AFFDEX doit être confirmé.

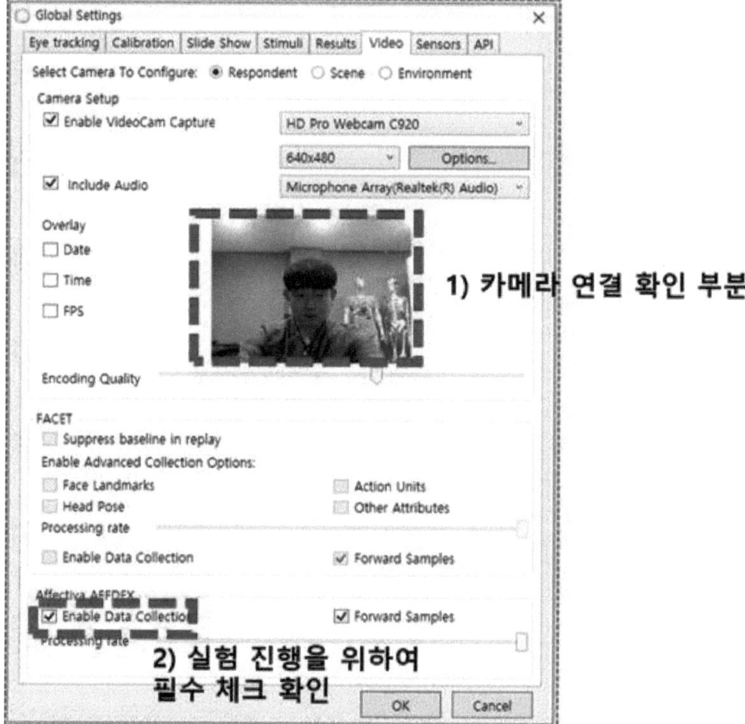

<Figure 7-8> Vérification de la connexion de la webcam.

- Lorsque la conception de l'expérience et la connexion de la webcam sont terminées, une évaluation de l'utilisabilité peut être réalisée pour le participant. Cliquez sur le bouton rouge REC pour démarrer l'expérience, et l'évaluateur peut vérifier les expressions faciales du participant sur un moniteur séparé en temps réel (bouton Open Live Graph).

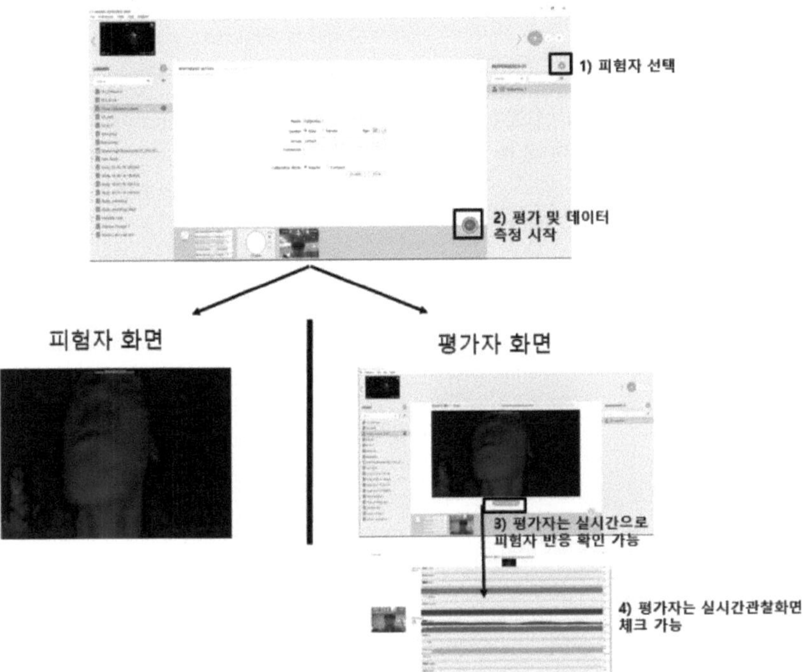

<Figure 7-9> Réalisation d'une évaluation de la convivialité basée sur la mesure des expressions faciales et l'ordre de confirmation des données.

- Après avoir terminé l'évaluation de la convivialité, procédez à une analyse des résultats et à une étape de post-traitement (cliquez sur le bouton Post-traitement) dans l'onglet DONNÉES ENREGISTRÉES.

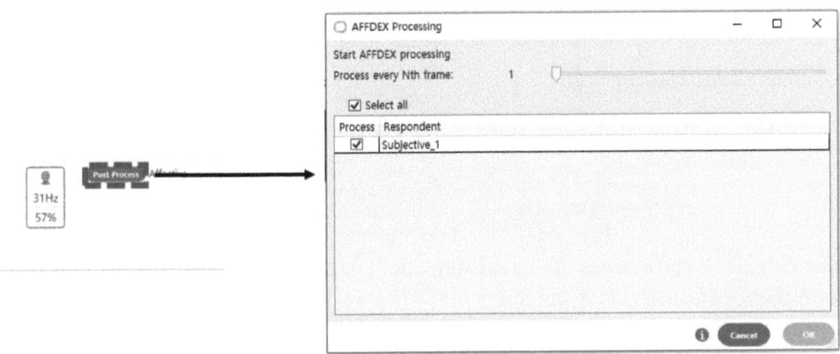

<Figure 7-10> Ordre de traitement des données d'évaluation de l'utilisabilité.

3) Analyse des données de mesure des expressions faciales
- Pour analyser les données de résultat, sélectionnez le projet concerné dans la BIBLIOTHÈQUE et cliquez sur la croix dans un cercle gris à droite et cliquez sur

Ajouter une analyse.

- Après avoir saisi les informations de base du participant, on passe à l'étape de TRAITEMENT DES SIGNAUX où l'on peut définir le seuil d'analyse de l'émotion des expressions faciales. Entrez la valeur de 50 pour les individus occidentaux et de 15 pour les asiatiques.

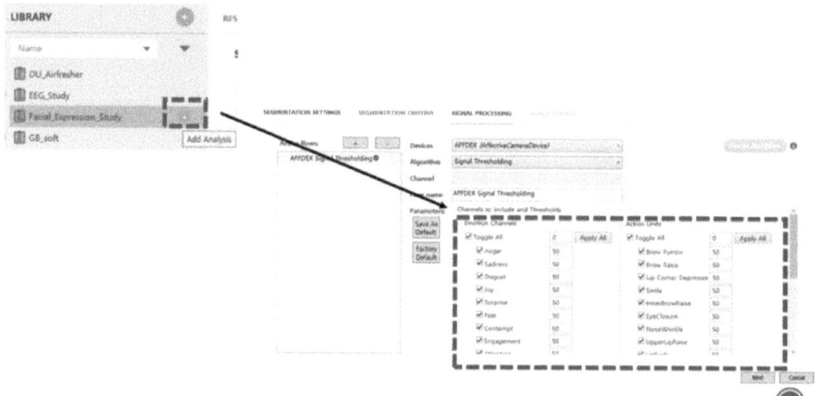

<Figure 7-11> Réglage des seuils des paramètres détaillés pour l'analyse des expressions du visage.

- Une fois les paramètres d'analyse terminés, le résultat de l'analyse du participant peut être vérifié dans RESPONDENT STATISTICS. Les données de résultat peuvent être exportées pour être examinées sur d'autres ordinateurs.

<Figure 7-12> Vérification des résultats de l'évaluation de l'utilisabilité et de la méthode d'exportation des données.

2.2 Comment réaliser une expérience d'EEG à l'aide d'un système mobile de mesure multidimensionnelle des biosignaux et d'analyse intégrée ?

1) Réglage des capteurs EEG et fixation des capteurs sur le participant

- Pour réaliser une expérience EEG à l'aide d'un système mobile de mesure multidimensionnelle des biosignaux et d'analyse intégrée, les capteurs EEG doivent être connectés, puis fixés sur un participant.

- Pour connecter un capteur EEG, le dongle du capteur EEG doit être connecté directement à l'ordinateur portable. L'utilisation d'une extension USB risque de ne pas permettre la connexion du dongle.

- Dans l'onglet GLOBAL SETTINGS/ SENSORS, sélectionnez le nom du dispositif X10T et activez le bouton Enable data collection (Activer la collecte de données) dans la section B-Alert EEG.

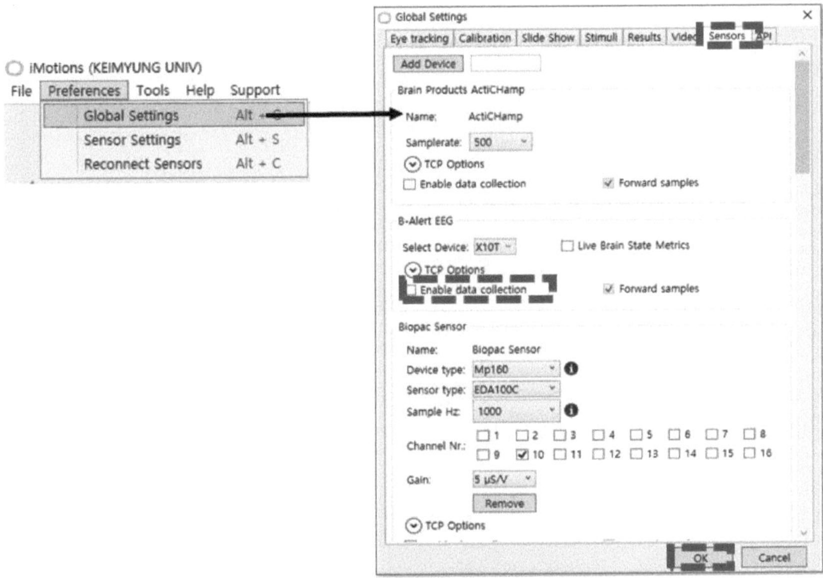

<Figure 7-13> Réglage de la connexion du capteur EEG

- Lorsqu'un dongle est reconnu par le capteur EEG, le mot "Connecting" en orange apparaît en bas de l'écran par défaut.
- Lorsque l'appareil B-AlertX of EEG est mis en marche, le mot "Connecting" devient "Collecting" accompagné d'un message d'orientation.

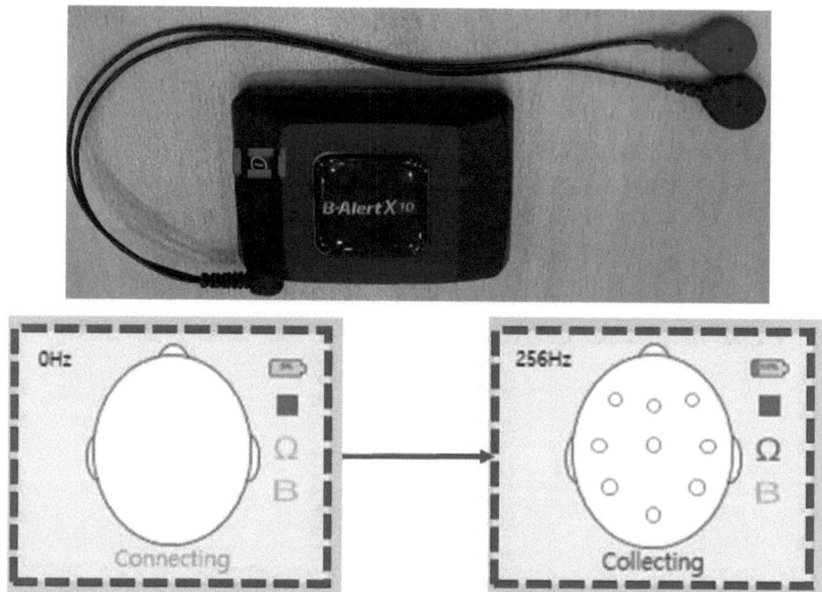

<Figure 7-14> Écran de confirmation de la connexion du dispositif EEG.

- Après avoir vérifié que le dispositif EEG est connecté, l'étape suivante consiste à préparer le capteur EEG à être fixé sur la tête du participant.

- Le capteur EEG comprend neuf canaux, et la région du cerveau peut être marquée dans une zone circulaire.

- Pour mesurer l'EEG, il faut appliquer un gel afin que les capteurs électriques générés par le cerveau puissent être suffisamment reconnus par les capteurs.

- Les neuf canaux du capteur EEG ont des parties marquées de lettres et d'autres qui ne le sont pas ; un gel doit être appliqué sur les parties sans lettres à l'aide d'une mousse.

- Connectez un bandeau et un capteur EEG pour fixer le capteur EEG sur la tête. Pour connecter le capteur et le bandeau, insérez la partie triangulaire du bandeau dans les petits trous situés à l'extrémité du capteur EEG, vers le lobe frontal, pour les fixer fermement.

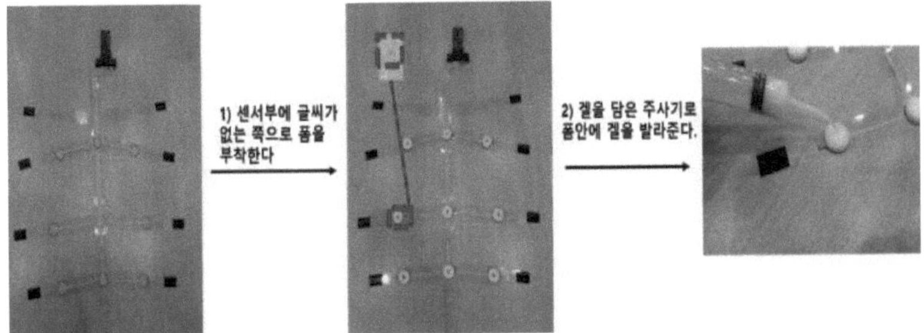

<Figure 7-15> Application d'un gel sur neuf canaux du capteur EEG.

- Pour mesurer le signal EEG de référence, l'évaluateur doit fixer les électrodes du SilveRest des deux côtés derrière les oreilles du participant et sous la partie mastoïde de l'os temporal.

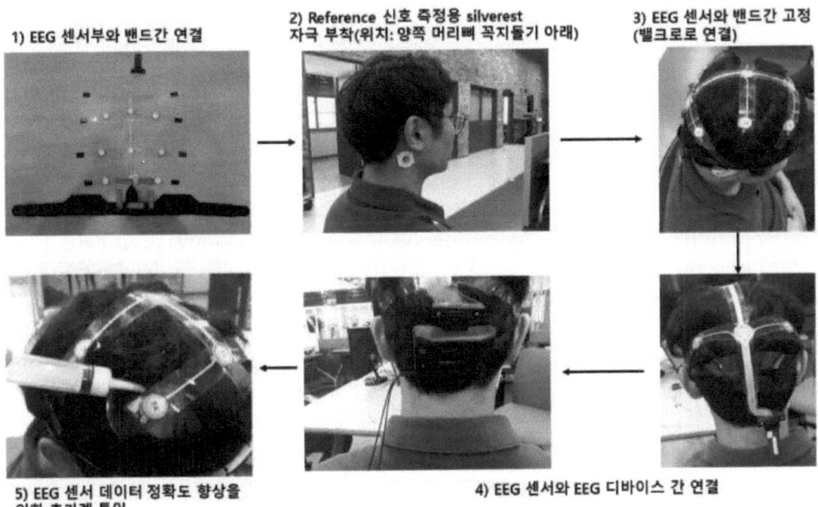

<Figure 7-16> Méthode de fixation du capteur EEG

2) Calibrage du capteur EEG et vérification des résultats d'une évaluation de l'utilisabilité.

- Après avoir fixé le capteur EEG, calibrez chaque canal pour vérifier la précision de la mesure du signal.

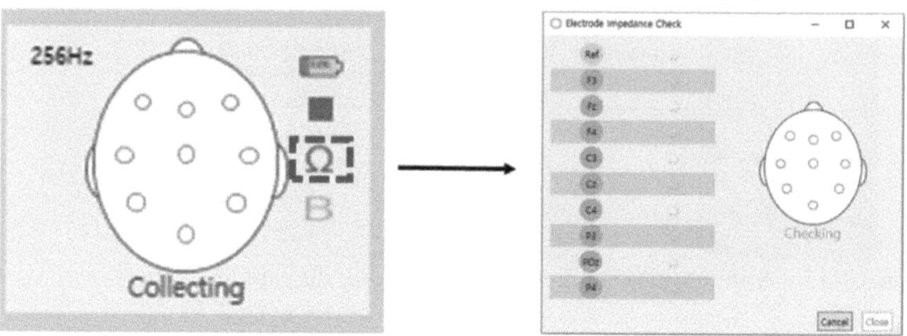

<Figure 7-17> Processus de vérification de l'étalonnage du capteur EEG.

- Après avoir vérifié l'étalonnage du capteur EEG, une évaluation de la convivialité est réalisée, comme le montre la figure 7-9, et les données peuvent être vérifiées en temps réel.

- Les figures 7-10 et 7-12 peuvent être utilisées comme références pour vérifier les données après avoir effectué une évaluation de la convivialité de la même manière que pour vérifier les résultats de l'évaluation des expressions faciales.

- Un système mobile de mesure multidimensionnelle des biosignaux et d'analyse intégrée ne peut pas fournir un algorithme d'analyse professionnel pour l'analyse d'un EEG. Par conséquent, une analyse EEG détaillée doit être effectuée dans le logiciel EEGLAB après l'exportation des données.

3.1 Pratique de la capture de l'expression faciale à l'aide d'un système mobile de mesure multidimensionnelle des biosignaux et d'analyse intégrée

1) Vérifier l'expression du visage en fonction de stimuli visuels en temps réel en connectant une webcam.

2) Réaliser une expérience d'évaluation des expressions faciales à l'aide de fichiers échantillons et sécuriser les données de résultat du participant.

3) Vérifier les changements dans les résultats en modifiant la valeur seuil des expressions faciales associées à chaque émotion .

3.2 Pratique de l'évaluation de l'EEG à l'aide d'un système mobile de mesure multidimensionnelle des biosignaux et d'analyse intégrée

1) Obtenir des résultats de calibration très précis par canal EEG en fonction de la fixation des capteurs EEG.

2) Sécuriser les données des résultats de l'EEG en fonction de l'évaluation de l'EEG et effectuer l'exportation des données.

Chapitre 8. Utilisation du dispositif d'analyse de la vision (stationnaire, portable)

1.1 Introduction d'un dispositif portable d'analyse de la vision

Un dispositif portable d'analyse de la vision (ETG2 wireless, SMI Co.) est un dispositif de type lunettes capable de remplacer les lentilles en tenant compte de la vision du participant ; les données sont fournies en intégrant les changements d'emplacement de la pupille et les informations de position de la vision. En analysant la forme et le modèle d'une vision, les mouvements d'utilisation de divers produits et la vision des utilisateurs pendant l'utilisation du produit peuvent être examinés en fonction de leur point de concentration d'une vue, de l'emplacement, de la durée du regard et des modèles.

<Figure 8-1> Dispositif portable d'analyse de la vision (SMI)

<Tableau 8-1> Configuration matérielle d'un dispositif portable d'analyse de la vision.

Nom	Photo	Description
Lunettes de suivi oculaire		Apparence : Lunettes de vue portables Plage d'angle de vue : W:60°, H:46° Verre correcteur de la vue attachable
Enregistreur intelligent		Contrôle sans fil en Wi-Fi et support d'observation
Programme d'analyse		Programme d'analyse des données
Module de lentilles de correction visuelle		Associé à un équipement auxiliaire/module de signal de déclenchement extensible
Module de déclencheme nt externe		Module de lentilles de correction visuelle -4 à +4 dioptries (intervalle de 0,5)

1.2 Introduction d'un dispositif d'analyse de vision stationnaire

Un dispositif stationnaire d'analyse de la vision (myGaze n, myGaze Co.) mesure et analyse quantitativement la fréquence de regard sur des régions spécifiques ou la durée du regard à l'aide d'une caméra infrarouge qui suit la pupille et fournit un support pour visualiser facilement les résultats. Un dispositif stationnaire d'analyse de la vision est utilisé pour une analyse objective de diverses évaluations de la convivialité, telles que l'ingénierie humaine, la conception d'IHM, les logiciels, la conception de sites Web et les simulations, car il peut obtenir et traiter les données des interactions visuelles (VI) des utilisateurs, y compris le suivi du regard et l'interaction des points de regard, en fixant un traceur oculaire sur un moniteur.

<Figure 8-2> Dispositif fixe d'analyse de la vision (myGaze)

<Tableau 8-2> Configuration matérielle d'un dispositif d'analyse de vision stationnaire.

Nom	Photo	Description
Traqueur oculaire stationnaire		Fréquence d'échantillonnage du regard : 30 Hz Plage de mesure de la vision (largeur × hauteur) : 50 × 36 cm (20 × 14″). Taille de l'écran : 24 pouces.
PC tout-en-un		(Pendant l'évaluation) Moniteur regardé par le participant regards et suivi de la vision
Moniteur		(Pendant l'évaluation) Pour le contrôle du programme par l'évaluateur
Dongle logiciel		Associé à un équipement auxiliaire/module de signal de déclenchement extensible

2.1. Comment utiliser un dispositif portable d'analyse de la vision

1) Connexion physique d'un dispositif portable d'analyse de la vision

- Le câble relié au dispositif d'analyse de la vision de type lunettes est connecté au port USB d'un ordinateur à l'aide d'un dongle 5-pin-to-USB.

<Figure 8-3> Procédé de connexion physique d'un dispositif d'analyse de vision portable.

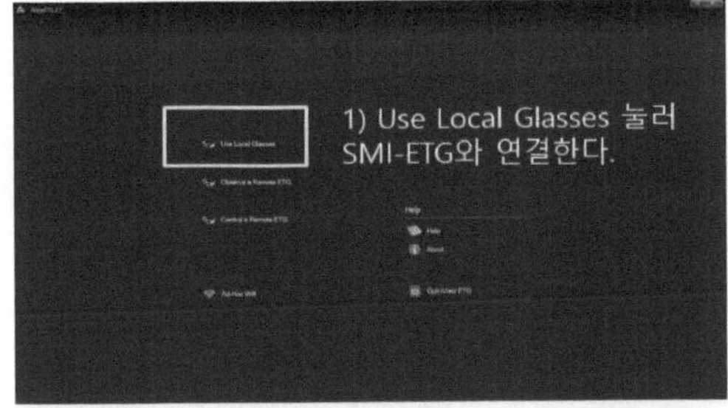

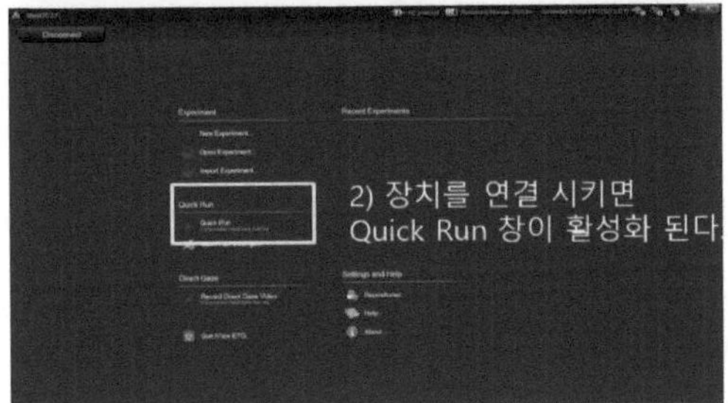

<Figure 8-4> Activation de la mesure d'analyse visuelle dans le programme d'exploitation.

2) Réglage de l'étalonnage d'un dispositif portable d'analyse de la vision
- Cliquez sur le bouton Nouveau participant sur le côté gauche et désignez le nom du participant.

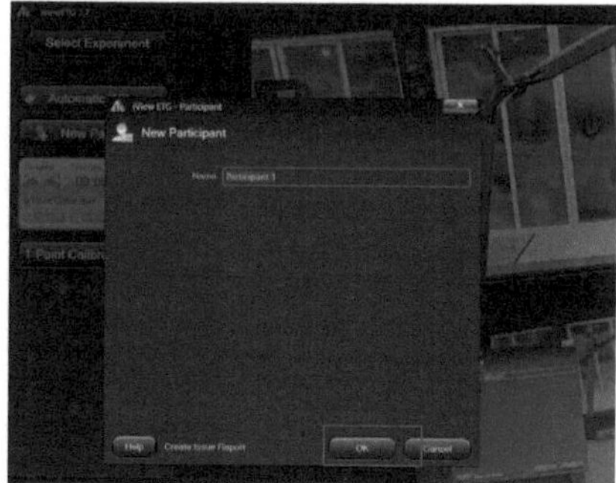

<Figure 8-5> Création de la fiche du participant

- Il existe des options d'étalonnage à 1 point et à 3 points, les méthodes d'étalonnage étant les mêmes à l'exception du nombre de points. Le dispositif est calibré en alignant le symbole de la croix avec le point vert (vue du participant).

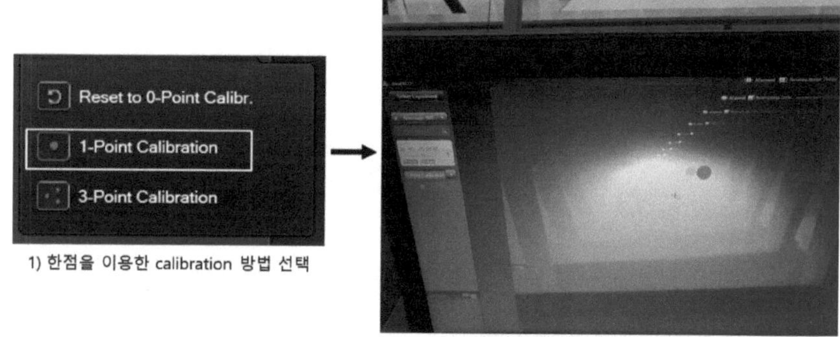

<Figure 8-6> Exécution de l'étalonnage en 1 point

3) Enregistrement des données à l'aide d'un dispositif d'analyse visuelle portable
- Une fois l'étalonnage terminé, le bouton Record (rouge) est activé. Le temps d'évaluation peut être vérifié pendant la mesure d'analyse de la vision, puis l'évaluation se termine tandis que les données sont enregistrées simultanément lorsque l'on clique une nouvelle fois sur le bouton Record.

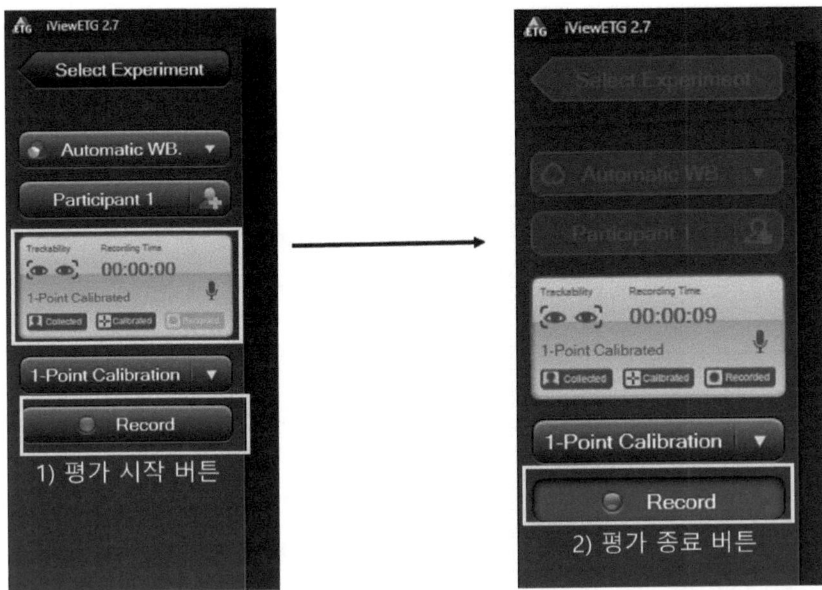

<Figure 8-7> Sauvegarde des données à l'aide d'un dispositif portable d'analyse de la vision.

- Le chemin d'accès au fichier peut être modifié en cliquant sur le bouton "Dépôts" de l'écran de démarrage.

2.2 Comment utiliser un dispositif d'analyse visuelle stationnaire

1) Connecter physiquement un dispositif d'analyse de la vision stationnaire
- Pour utiliser un dispositif d'analyse de la vision dans une évaluation de la convivialité, il faut d'abord connecter un dongle USB au PC tout-en-un pour activer le logiciel.

- Connectez le dispositif d'analyse de la vision stationnaire au port USB et fixez-le à l'aimant situé en bas de l'écran avant du PC tout-en-un. L'aimant situé en bas de l'écran avant du PC tout-en-un fixe fermement l'eye tracker stationnaire.

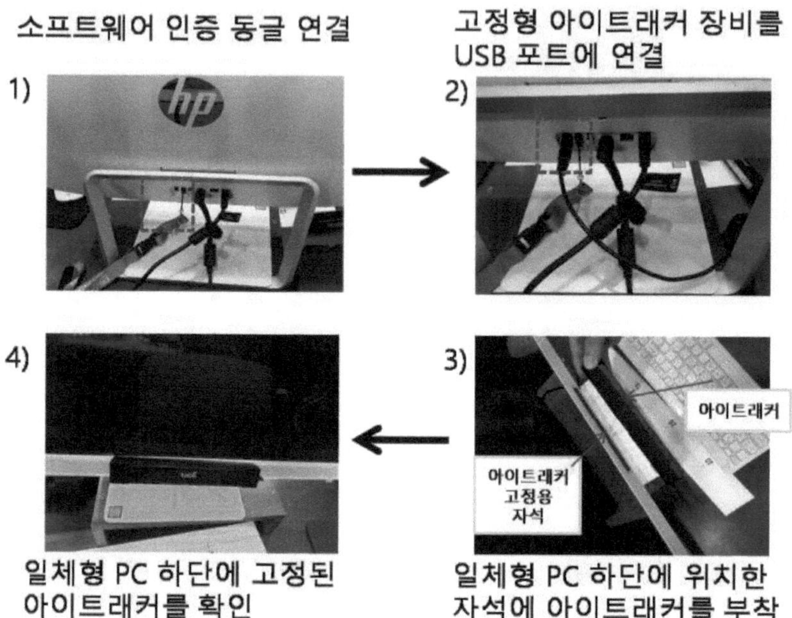

<Figure 8-8> Ordre de connexion d'un dispositif d'analyse de vision stationnaire.

2) Calibrer le dispositif de suivi des yeux dans un logiciel de dispositif d'analyse de la vision fixe pour connecter le dispositif de suivi des yeux.
- Cliquez sur l'icône D-Lab sur le bureau pour exécuter le programme, cliquez sur le bouton Nouveau dans la barre de menu à gauche, et créez un nouveau nom de projet. Ensuite, la figure ci-dessous montre l'écran permettant de définir le plan d'expérience.

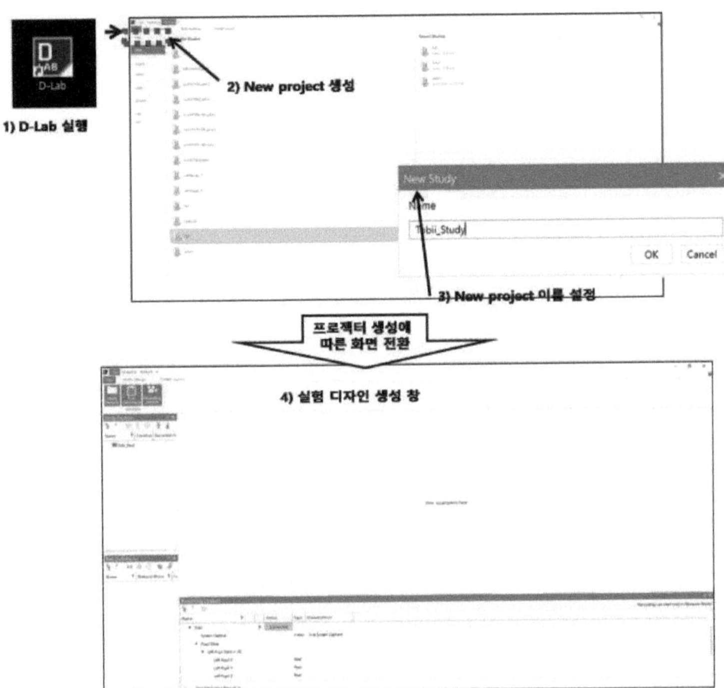

<Figure 8-9> Ordre de mise en place du plan expérimental pour une évaluation de l'utilisabilité.

- Pour améliorer la précision des données de mesure d'un eye tracker stationnaire avant d'effectuer une évaluation de l'utilisabilité, l'eye tracker stationnaire doit être calibré.

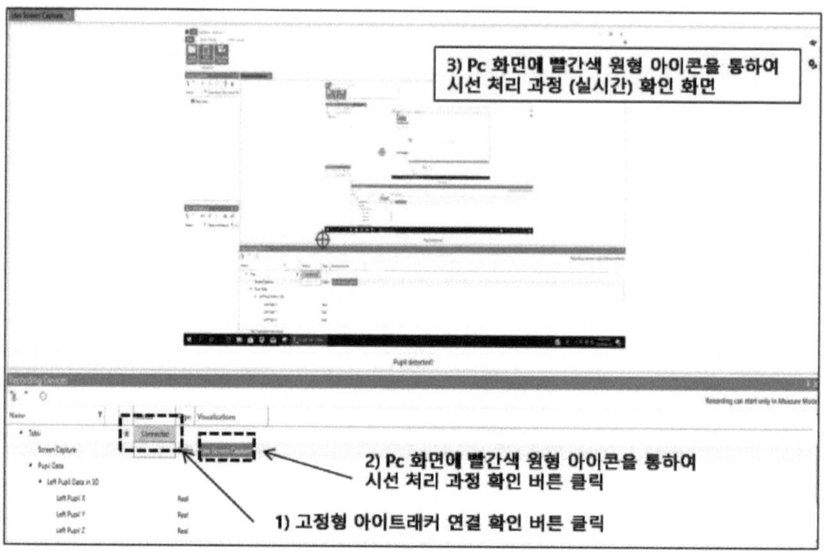

<Figure 8-10> Ordre de vérification des étapes de traitement du regard en temps réel.

- Avant de calibrer l'eye tracker stationnaire, le participant doit régler la distance entre l'eye tracker stationnaire et son regard à 60 cm. Ainsi, 60 cm est la distance à laquelle l'eye tracker stationnaire peut mesurer la vision du participant de la manière la plus adéquate.

- Dans la section Capture d'écran en direct, cliquez avec le bouton droit de la souris et sélectionnez le bouton Calibrer ; une nouvelle fenêtre apparaît pour procéder au calibrage. Le participant doit essayer de fixer le point rouge qui change séquentiellement de position.

- Une fois que l'étalonnage est terminé et que la précision de la trace oculaire est élevée, une fenêtre de réussite de l'étalonnage apparaît.

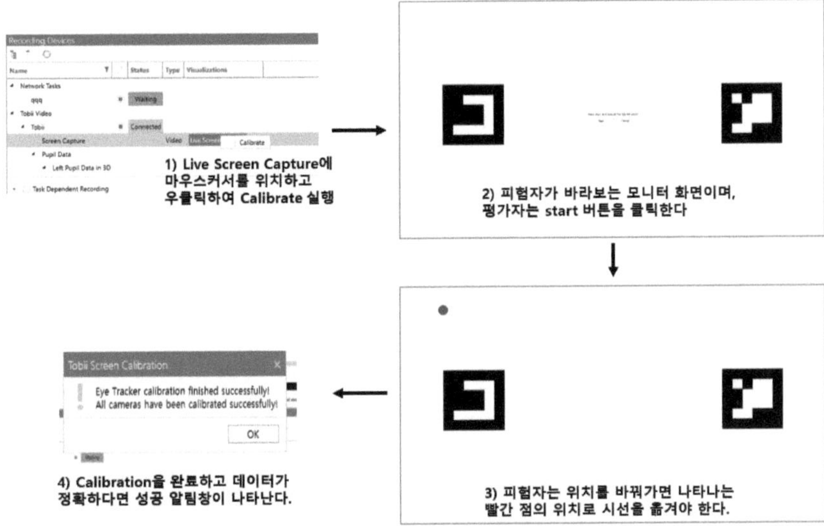

<Figure 8-11> Processus de calibrage de l'eye tracker

3) Sauvegarder les données en effectuant une évaluation de la convivialité
- Dans la fenêtre de l'explorateur d'études, à gauche de l'écran, cliquez sur une icône en forme de personne pour ajouter un participant.

- Une évaluation de l'analyse de la vision peut être lancée lorsque l'onglet Mesure situé tout en haut de l'écran est sélectionné. L'évaluation commence lorsque l'on clique sur le bouton vert Enregistrer dans l'onglet Enregistrement des données ; les informations sur la durée de l'enregistrement sont affichées au centre de l'écran d'évaluation en temps réel.

- Dans la figure 8-11, il est expliqué en termes de moniteur sur lequel l'évaluateur a observé l'écran ; le moniteur que le participant regarde ne comporte que l'écran de capture d'écran en direct sans les informations d'enregistrement des données.

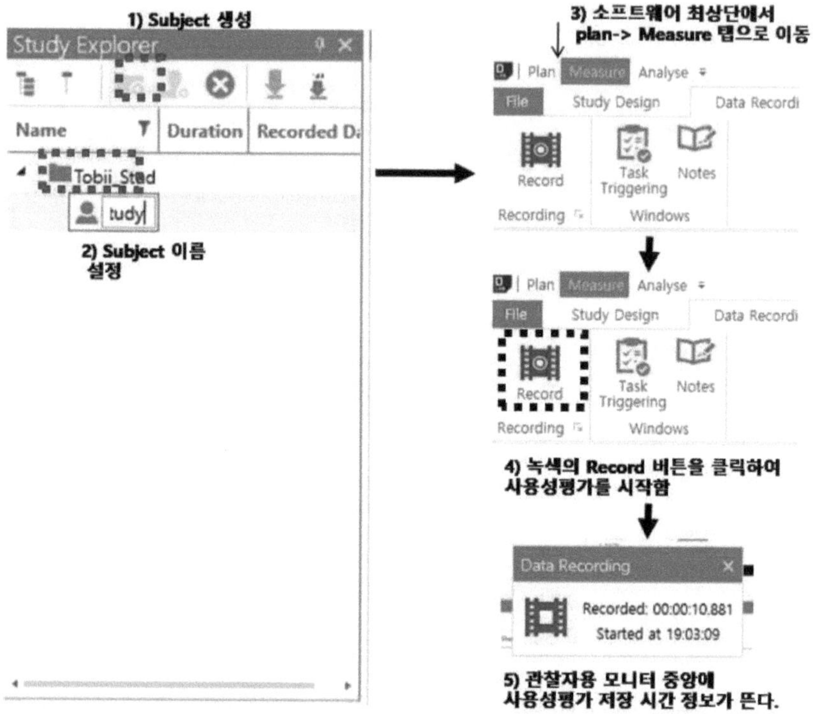

<Figure 8-12> Ordre de démarrage de l'évaluation de l'utilisabilité basée sur l'analyse de la vision.

- Pour mettre fin à l'évaluation de l'utilisabilité, cliquez sur le bouton rouge Stop dans l'onglet Data Recording pour terminer la mesure de l'analyse de la vision.

4) Analyse de la zone d'intérêt (AOI) des données d'analyse de vision
- Allez dans l'onglet Analyse tout en haut et sélectionnez les données du participant à analyser dans la fenêtre de l'explorateur d'études. Dans la fenêtre Explorateur d'écran de données, sélectionnez Tobii et faites défiler vers la droite pour sélectionner Capture d'écran. Une fois l'étape ci-dessus terminée, les données du résultat peuvent être vérifiées dans une vidéo dans la fenêtre de l'explorateur d'écran en direct.

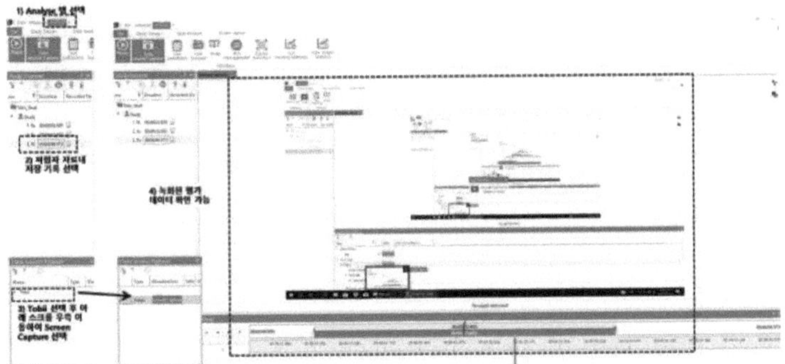

<Figure 8-13> Ordre d'importation des résultats sauvegardés de l'évaluation de l'utilisabilité.

- La région du centre d'intérêt doit être définie pour procéder à l'analyse du centre d'intérêt à l'aide des données importées, ce qui implique l'analyse des réactions du participant en désignant une zone spécifique comme centre d'intérêt. L'étendue de l'observation de la zone d'intérêt par le participant est analysée en fonction du temps et de la carte des résultats.

- Pour définir l'AOI, sélectionnez Gestion AOI dans l'onglet Analyse des données et cliquez sur le bouton Nouveau en haut à droite. Lorsqu'une nouvelle fenêtre d'information est créée sur le côté droit, cliquez une nouvelle fois sur le bouton Nouveau. Une nouvelle fenêtre apparaît alors, dans laquelle le paramètre AOI peut être ajusté.

<Figure 8-14> Ordre de création d'une fenêtre de paramétrage de l'AOI.

- Lorsque la fenêtre de réglage de l'AOI s'affiche, sélectionnez le nom de l'AOI et les informations de couleur, puis cliquez pour relier les lignes entre les points afin de définir l'AOI dans la fenêtre de capture d'écran.

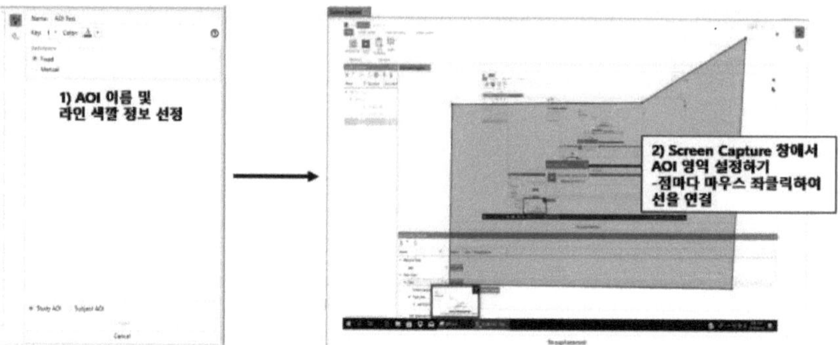

<Figure 8-15> Ordre de réglage de l'AOI

- Les données de l'analyse de la vision AOI sont enregistrées automatiquement ; allez dans l'onglet Fichier et sélectionnez le dossier du projet pour vérifier les données pertinentes.

3.1 S'entraîner à utiliser un dispositif portable d'analyse de la vision.

1) Connectez le dispositif portable d'analyse de la vision et ajoutez un nouveau participant dans le projet type.

2) Calibrez l'eye tracker stationnaire et terminez l'évaluation de l'utilisabilité.

3.2 Entraînez-vous à utiliser un dispositif stationnaire d'analyse de la vision.

1) Connectez le dispositif d'analyse de vision stationnaire et ajoutez un nouveau participant au projet type.

2) Calibrer l'eye tracker stationnaire et terminer l'évaluation de la convivialité de l'interface d'un masseur de pieds.

3) Effectuer une analyse AOI des données de résultat.

Chapitre 9. Utilisation d'un appareil de mesure de la pression de type chaise

1. Introduction d'un appareil de mesure de la pression de type chaise

Un dispositif de mesure de la pression de type chaise (système de mesure de la pression du corps assis) comprend un coussin mince dans lequel sont intégrés des éléments de détection pour mesurer la pression ; et le dispositif se décline en deux tailles de coussin d'assise général et de dossier. Lors d'expériences d'assise sur une chaise ou un fauteuil roulant, le dispositif mesure les changements dus à la pression des différentes parties en contact avec le corps et fournit des données pertinentes. L'espace est moins restreint car la communication sans fil est utilisée entre le coussin et un PC, et les mesures peuvent être capturées de manière pratique.

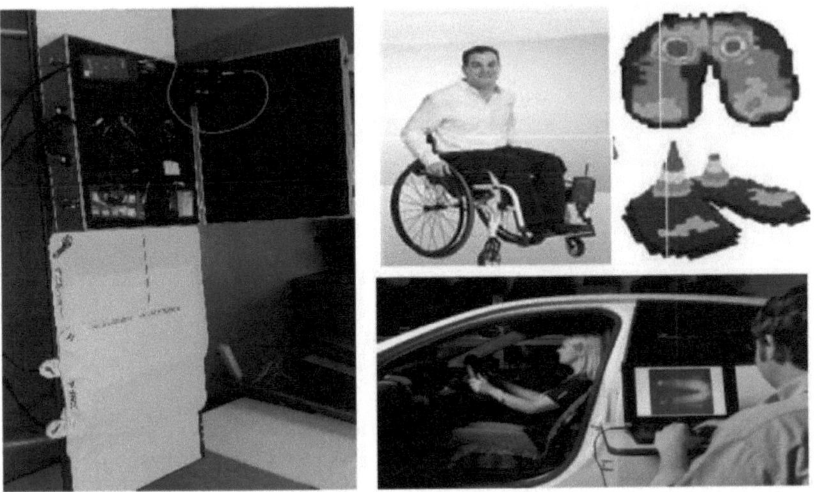

<Figure 9-1> Introduction d'un dispositif de mesure de la pression de type chaise.

<Tableau 9-2> Configuration d'un dispositif de mesure de la pression de type chaise.

Nom	Photo	Description
Capteur de tapis de type chaise		Nombre de capteurs : 256 Plage de pression mesurée (kPa) : 2-60,0 Méthode de mesure du capteur : capacitif
Amplificateur de signaux		Amplifie les signaux d'entrée analogiques
Programme d'exploitation		Mesure et analyse de la valeur d'un capteur de tapis de type chaise

2. Utilisation d'un appareil de mesure de la pression de type chaise

1) Raccorder physiquement un appareil de mesure de la pression de type chaise
- Pour l'utilisation d'un appareil de mesure de la pression de type chaise, les connexions entre un capteur mat et un amplificateur de signaux et entre un amplificateur de signaux et un ordinateur sont importantes.

- Un capteur à tapis est connecté à un amplificateur de signaux par l'intermédiaire d'un câble ; un capteur à tapis possède deux parties de connexion avec des directions gauche et droite. Vérifiez la direction avant de connecter.

- Lorsque vous connectez un amplificateur de signaux et un ordinateur à l'aide d'un câble USB pour la première fois, n'oubliez pas le port PC utilisé.

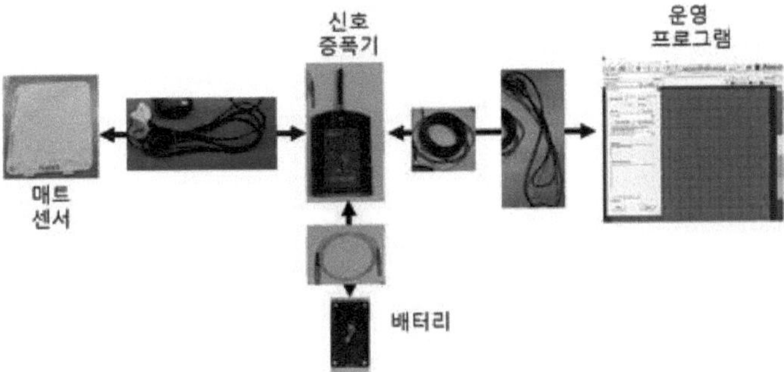

<Figure 9-2> Configuration de la connexion physique d'un dispositif de mesure de la pression de type chaise.

- Les ports connectés à un amplificateur de signaux ont tous des propriétés physiques, et il convient donc de prêter attention à la direction.

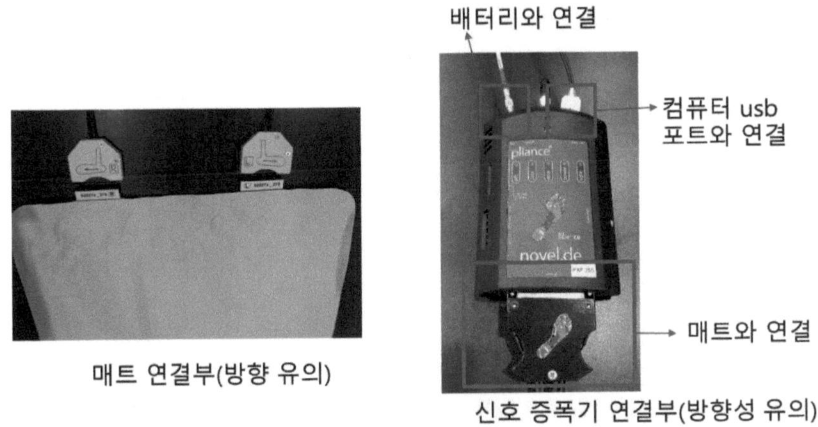

<Figure 9-3> Attention à la connexion physique d'un dispositif de mesure de pression de type chaise.

- Après avoir connecté physiquement tous les câbles, vérifiez la batterie restante et allumez l'interrupteur d'alimentation situé à gauche de l'antenne de l'amplificateur de signaux.

- Une fois les câbles correctement connectés, vérifiez si le voyant est allumé.

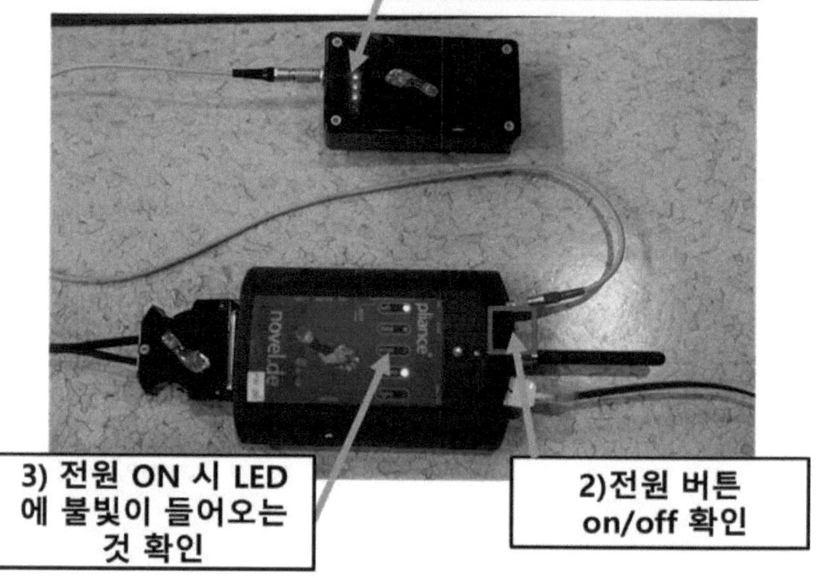

<Figure 9-4> Procédure de vérification de l'état de mise sous tension d'un amplificateur de signaux.

2) Enregistrement des données à l'aide du programme d'exploitation d'un appareil de mesure de la pression de type chaise.
- Pour exécuter le programme d'exploitation, un dongle USB qui peut fournir la licence du programme d'exploitation doit être connecté à l'ordinateur.

- Trouvez l'icône "pliance-32 online" sur le bureau et exécutez le programme.

- Une fois le programme lancé, sélectionnez le numéro de série (S2027a-277) du capteur de tapis sous Configuration du tapis et cliquez sur le bouton Confirmer.

- Lorsque la fenêtre Port Settings apparaît, sélectionnez le mode de communication de l'amplificateur de signaux. (BT : mode Bluetooth, FOC : mode câble à fibre optique)

- Sélectionnez le mode FOC et le numéro du port USB (3 VCPO), puis cliquez sur le bouton Tester la connexion.
- Lorsqu'une fenêtre contextuelle apparaît, cliquez sur le bouton Oui (Y), puis sur le bouton OK.

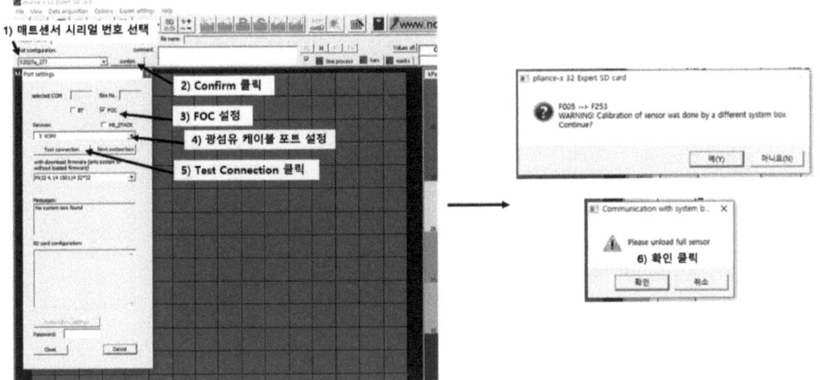

<Figure 9-5> Ordre de réglage du port de connexion d'un capteur mat.

- Lorsque le capteur de tapis est connecté et étalonné, le bouton cercle rouge dans la barre de menu en haut de l'écran s'active, indiquant ainsi que l'évaluation peut être lancée.

- Les valeurs de pression sont mesurées par le capteur mat lorsque l'on clique sur le bouton circulaire rouge, et le bouton circulaire rouge se transforme en bouton circulaire vert.

- Cliquez sur le bouton noir d'arrêt à côté du bouton vert circulaire lorsque la mesure de la pression est terminée.

- Une fenêtre apparaît pour écrire des mémos pour les données ; écrivez les conditions expérimentales dans la fenêtre de mémo et cliquez sur le bouton Enregistrer.

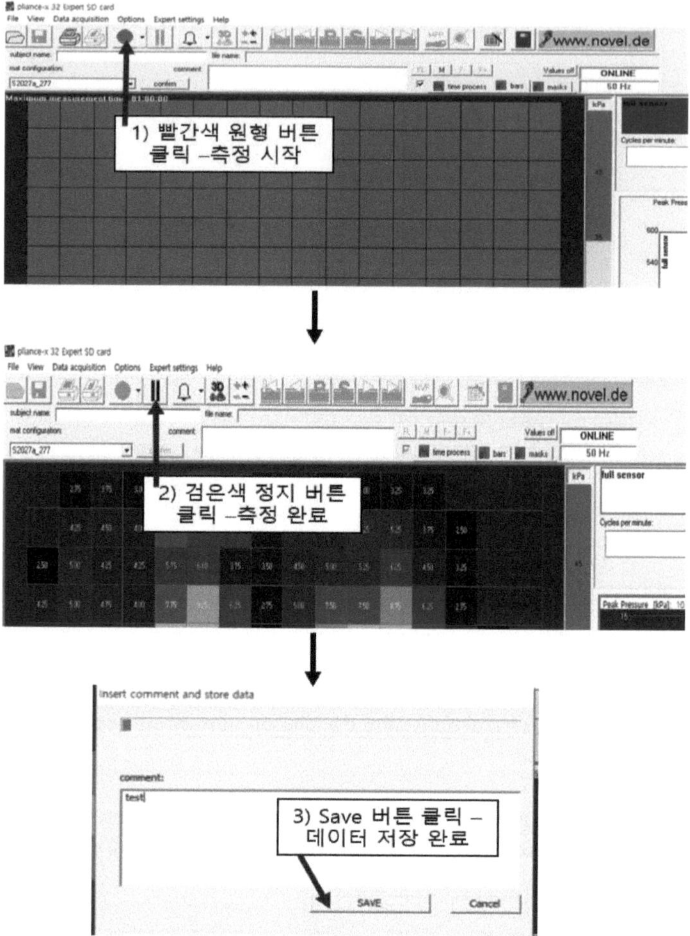

<Figure 9-6> Ordre de mesure de la pression et de sauvegarde des données.

- Pendant que la pression est mesurée, la pression de contact moyenne et la pression de contact maximale sont fournies en temps réel dans un graphique.

- Le graphique des données peut être vérifié en temps réel pendant l'évaluation afin de déterminer s'il y a des erreurs dans les données.

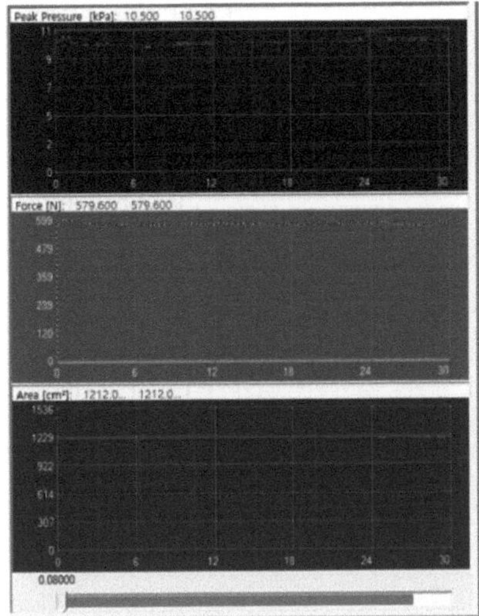 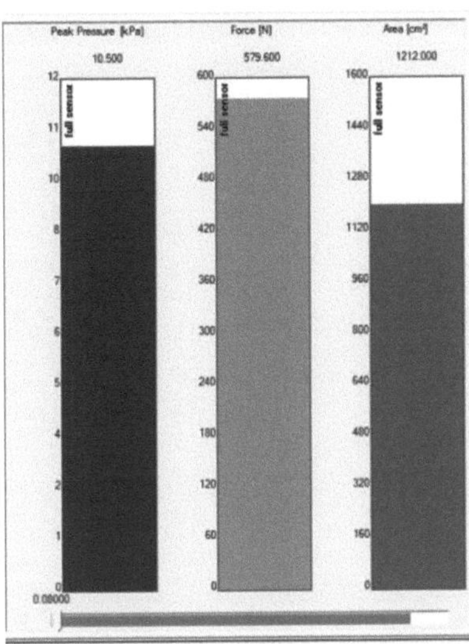

<Figure 9-7> Fenêtre graphique pour vérifier les données de pression en temps réel.

3. S'entraîner à utiliser un appareil de mesure de la pression de type chaise

1) Connectez le dispositif de mesure de la pression de type chaise et calibrez-le pour une évaluation de l'utilisabilité.

2) Mesurez la pression exercée sur les fesses lors de l'évaluation de l'utilisabilité d'un fauteuil roulant manuel.

3) Vérifiez la pression de contact moyenne et la pression de contact maximale à partir des données.

	Pression de contact moyenne	Pression de contact maximale
Round 1		
Round 2		
Round 3		
Moyenne		

Partie 3. Méthode de fabrication de prototypes et de composants pour l'évaluation de l'utilisabilité

Chapitre 10. Cas d'évaluation de l'utilisabilité à l'aide de la fabrication de prototypes partiels

1. Nécessité d'une fabrication partielle du prototype dans une évaluation de l'utilisabilité

Pour une évaluation de l'utilisabilité pendant le développement d'un produit, l'évaluation formative de l'utilisabilité et l'évaluation complète de l'utilisabilité sont couramment utilisées. Une évaluation formative de l'utilisabilité vise à trouver les inconvénients autant que possible à partir de la phase du prototype primaire afin d'améliorer la conception par le biais d'une évaluation de l'utilisabilité, tandis qu'une évaluation complète de l'utilisabilité vise à évaluer l'efficacité/l'efficience/la satisfaction d'un produit du point de vue des utilisateurs, sur la base du dernier prototype du développement du produit.

Les évaluations d'utilisabilité formatives et complètes utilisent un prototype de produit, ce qui permet de modifier l'apparence et la fonction d'un produit. À mesure que la technologie d'impression 3D progresse à l'ère de la quatrième révolution industrielle, cette technologie est également largement utilisée dans les évaluations de la convivialité pour améliorer la conception ergonomique et l'évaluation fonctionnelle des prototypes. Par conséquent, la fabrication et l'application d'un prototype partiel à l'aide d'un scanner 3D et d'une imprimante 3D jouent un rôle important dans l'amélioration de l'utilisabilité d'un produit.

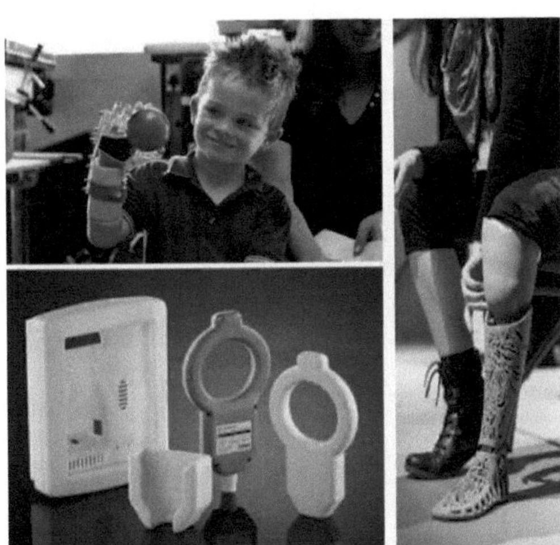

<Figure 10-1> Cas où un prototype partiel est appliqué dans une évaluation de l'utilisabilité.

2. Cas où un prototype partiel est appliqué dans une évaluation de l'utilisabilité

Sujet : Vérification de la méthode d'évaluation de la convivialité basée sur l'amélioration de la forme de la poignée des appareils d'exercice pour enfants : Comparaison des réponses en EMG basées sur des ajustements de la longueur d'une fenêtre.
(Source : Thèse publiée dans la conférence de printemps 2019 de l'Institut coréen de traitement des signaux de convergence).

Introduction : Avec le développement de divers capteurs (capteur inertiel, capteur de pression, capteur d'analyse de mouvement basé sur l'image, entre autres) qui peuvent mesurer les mouvements d'un corps humain et l'avancement de la technologie d'interaction entre le contenu graphique de l'ordinateur, divers types d'équipement d'exercice intérieur pour enfants sont développés. Les enfants en pleine croissance constituent le marché cible des équipements d'exercice pour enfants ; il est donc important de développer des produits ayant un design ergonomique, qui reflète les caractéristiques du corps d'un enfant. Les données sur les mesures du corps humain (par exemple, Size Korea, US Army) sont utilisées pour refléter certaines tailles ou formes du corps humain dans les produits. À titre d'exemple de conception de produits utilisant les données des mesures du corps humain, José et al. [1] ont mené une étude sur la fabrication de chaussures personnalisées en mesurant des variables liées à la longueur du pied à l'aide de 14 points de mesure sur les pieds. En outre, les mesures du corps humain sont souvent utilisées pour la fabrication de produits vestimentaires tels que les vêtements, les vêtements spéciaux et les gants, ainsi que pour la conception d'espaces de travail [2].
L'utilisation répétée d'une poignée générale à laquelle n'est pas appliquée une conception ergonomique peut entraîner une charge sur le corps et des conséquences néfastes en raison de l'utilisation du produit par commodité [3]. Si les caractéristiques du produit et de l'utilisateur ainsi que le comportement d'utilisation du produit sont analysés et pris en compte dans la conception de la forme de la poignée, le bénéfice de l'utilisation du produit peut être maximisé et la charge sur le corps due à une utilisation répétée est minimisée, devenant ainsi un produit plus ergonomique [4]. Les caractéristiques de mouvement, la forme et la longueur des mains humaines varient considérablement d'un individu à l'autre ; les mesures du corps humain prises alors que la main est ouverte et tendue ont des limites lorsqu'elles sont appliquées au mouvement de préhension de la main lors de la conception de la poignée d'un produit. Pour concevoir une poignée pratique offrant une bonne prise, il est important de se référer à la mesure des mains et de refléter les caractéristiques spatiales à l'intérieur de la main dans un mouvement de préhension [5]. Une poignée avec une bonne prise en main a une taille appropriée et la forme interne de la main doit être estimée avec précision pour concevoir une poignée reflétant des caractéristiques similaires à la partie interne de la main dans un mouvement de préhension. Par conséquent, pour examiner l'efficacité de l'utilisation des équipements d'exercice pour les enfants, la poignée a été révisée pour refléter les mesures du corps humain des enfants et la conception ergonomique de la prise, tandis que l'EMG a été réalisé pour les mouvements d'exercice afin de prouver l'effet de l'exercice.

Comme la valeur de l'EMG peut varier en fonction de la longueur de la fenêtre pendant l'analyse de l'EMG d'une contraction isotonique, cette étude vise à étudier les effets de l'amélioration de la forme de la poignée d'un équipement d'exercice pour enfants en examinant les changements de l'EMG maximum par rapport à différentes longueurs de fenêtre.

Recherches connexes : Kong et al. ont proposé des diamètres appropriés pour une poignée cylindrique (homme : 5-6 cm, femme : 4-5 cm) sur la base d'une analyse numérique de la force de préhension et du confort de préhension en fonction de la forme de la poignée [6]. Toutefois, pour concevoir une poignée offrant une bonne prise en main, il faudrait concevoir une poignée ayant des diamètres différents plutôt qu'un cylindre circulaire droit ayant un diamètre uniforme. De plus, il y a un manque de recherche sur l'estimation de la forme interne d'une main et sur le reflet de cette forme dans les conceptions. Pour améliorer l'environnement de conception inadéquat, le développement de produits à l'aide d'une imprimante 3D est largement utilisé ces dernières années comme méthode pour améliorer la conception de produits et pour développer des produits personnalisés auxquels sont appliquées les mesures corporelles des individus [7]. La technologie d'impression 3D est généralement utilisée dans le cadre d'un processus d'évaluation de la convivialité pour améliorer les produits et dans la fabrication de prototypes pour l'amélioration des produits.
Pour une évaluation de la convivialité d'un équipement d'exercice, la mesure et l'analyse de la réponse du corps à l'utilisation du produit sont souvent utilisées en plus de l'EMG. Comme la longueur de la fenêtre utilisée dans le processus d'analyse de l'EMG peut affecter la valeur de l'EMG, Novotny et al. [8] ont signalé qu'une analyse multidimensionnelle utilisant une longueur de fenêtre fixe dans le traitement RMS entraîne des incertitudes et des résultats biaisés et que l'échantillonnage du signal manque en fait de cohérence, générant ainsi des résultats erronés.
Nazmi et al. [9] ont appliqué les longueurs de fenêtre de 100 ms, 200 ms, 500 ms et 1 000 ms pendant une contraction isotonique lors du traitement du RMS, où les résultats de l'analyse utilisant la disposition inverse avaient une précision de 88,21 % à 100 ms et 200 ms, une précision de 50 % à 500 ms et une précision de 35,71 % à 1 000 ms. Ainsi, fixer la longueur de la fenêtre entre 100 ms et 200 ms dans une contraction isotonique générale produit les résultats les plus fiables. Thongpanja et al. [10] ont comparé la précision en fonction de la longueur de la fenêtre dans la contraction musculaire isotonique et la contraction musculaire isométrique et ont proposé une longueur de fenêtre de 375 ms pour la contraction isotonique et une longueur de fenêtre inférieure à 250 ms pour la contraction isométrique. Pour analyser les changements dans l'EMG en termes de contraction isotonique chez les enfants, nous avons ici analysé les valeurs EMG pour différentes longueurs de fenêtre et vérifié l'efficacité de l'utilisation des produits par rapport aux améliorations de la forme d'une poignée.
Méthode : Les participants à l'expérience étaient des enfants âgés de 8 à 11 ans pour lesquels le consentement des parents a été obtenu. Les participants ne souffraient d'aucune maladie de l'appareil locomoteur, liée aux mouvements de scaption, et ils

ont confirmé avoir compris la procédure expérimentale après avoir reçu des informations suffisantes.

Pour évaluer l'efficacité de l'utilisation d'un équipement d'exercice pour enfants en termes de forme de la poignée, un nouveau type de poignée a été fabriqué par impression 3D en appliquant un design ergonomique à la poignée d'un équipement d'exercice pour enfants existant.

La forme de la poignée A est droite tandis que celle de la poignée B est ergonomique. Pour évaluer la facilité d'utilisation des appareils d'exercice pour enfants en ce qui concerne la forme de la poignée, la poignée existante et une poignée imprimée en 3D ont été comparées pour analyser l'efficacité. L'EMG a été mesuré pour le trapèze supérieur, le deltoïde moyen, le deltoïde antérieur et le triceps latéral en fonction des changements de forme de la poignée pendant que les participants effectuaient un mouvement de scaption en utilisant un appareil d'exercice pour enfants. La contraction volontaire de référence (RVC) a été mesurée pour la normalisation pendant l'analyse des données EMG ; les participants ont effectué un mouvement de scaption pendant 5 s en tenant des haltères de 500 g sur les deux mains avant de réaliser la tâche.

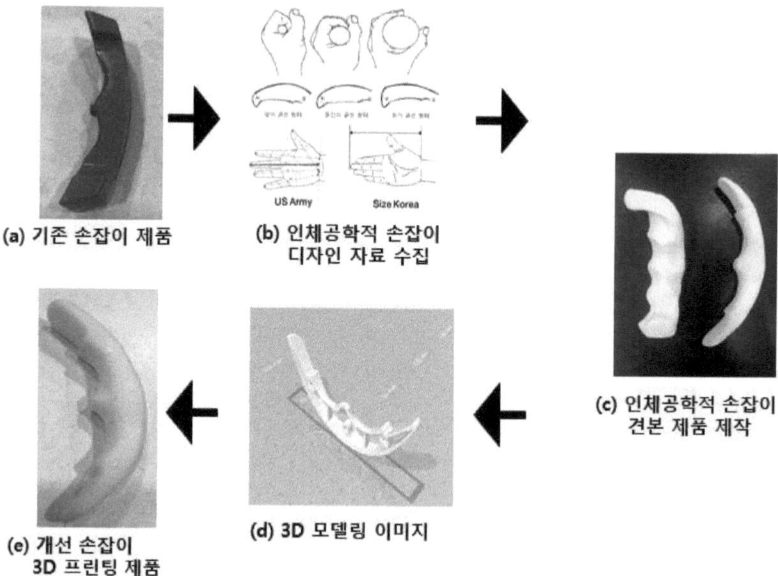

<Figure 10-2> Processus de développement d'un prototype partiel

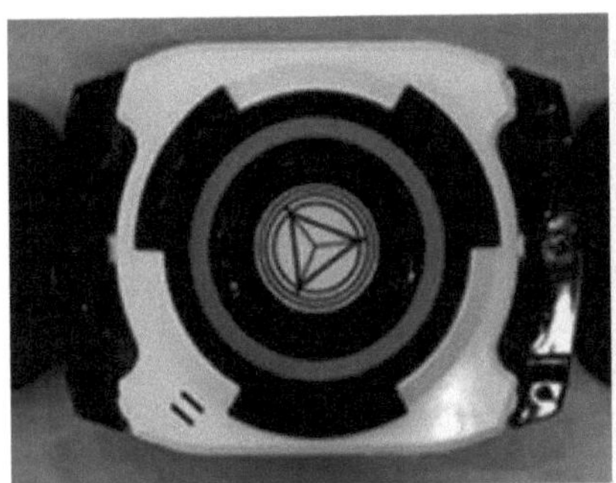
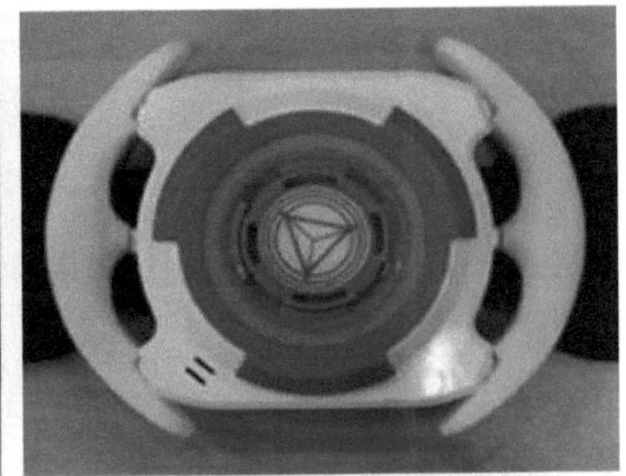

<Figure 10-3> Comparaison d'une évaluation de l'utilisabilité d'un produit avec l'application de la fabrication d'un prototype partiel.

L'équipement d'exercice était fixé au bas du dos des participants qui devaient se mettre en position de préparation en tenant les poignées des deux côtés, puis effectuer la tâche en suivant le mouvement de scaption montré sur le moniteur. Après s'être exercés trois fois pour chaque poignée, les données EMG de quatre types de muscles ont été enregistrées lorsque les participants ont répété le mouvement cinq fois au cours de l'expérience. Le mouvement de scaption a été mesuré deux fois pour chaque type de poignée, et le participant s'est reposé pendant 5 minutes lorsqu'il passait d'un type de poignée à un autre. Une vidéo a été filmée pendant l'expérience afin d'identifier un point d'activation musculaire exact et de sélectionner les données.

Pour le traitement du signal des données EMG, le programme Visual3D a été utilisé pour sélectionner trois valeurs de données ayant une forme d'onde constante et sans erreur parmi les données originales des mouvements expérimentaux effectués cinq fois. Un filtre passe-haut (coupure de fréquence de 30) et un filtre passe-bas (coupure de fréquence de 350) ont été appliqués pour éliminer le bruit dans les données originales sélectionnées. Ensuite, la rectification des données a été appliquée pour traiter la valeur absolue en excluant le signal de bruit ; le RMS mobile a été appliqué pour la linéarisation basée sur le calcul des valeurs effectives des données. Pour observer les résultats concernant les changements de la longueur de la fenêtre lorsque le RMS mobile est appliqué, deux longueurs de fenêtre de 101 ms et 201 ms ont été appliquées.

Résultat : Des résultats significatifs ont été observés dans le deltoïde moyen (p = 0,011), le triceps latéral (p = 0,045) et le trapèze supérieur (p = 0,049) lorsque l'activité musculaire de chaque groupe de muscles à la longueur de la fenêtre de 101 ms a été analysée par le test t apparié par rapport à la forme de la poignée. Cependant, aucun résultat significatif n'a été observé au niveau du deltoïde antérieur (p = 0,051). Des résultats significatifs ont été observés dans le deltoïde moyen (p = 0,010) et le triceps latéral (p = 0,048) lorsque l'activité musculaire de chaque groupe de muscles à la durée de la fenêtre de 201 ms a été analysée par le test t apparié par rapport à la forme de la poignée. Cependant, aucun résultat significatif n'a été observé au niveau du trapèze supérieur (p = 0,063) et du deltoïde antérieur (p = 0,057).

Discussion : Dans cette étude, la forme de la poignée d'un équipement d'exercice pour enfants a été ajustée par impression 3D pour refléter un design ergonomique, et l'EMG des enfants a été mesuré pour quatre muscles autour de l'épaule impliqués dans le mouvement de scaption pour vérifier l'efficacité de l'utilisation d'un produit par rapport à la forme de la poignée. En outre, l'efficacité de l'exercice de l'épaule a été vérifiée en ajustant la longueur de la fenêtre lors de l'analyse des données EMG.

<Tableau 10-1> Comparaison de l'activation musculaire par muscle par rapport à la performance de la tâche (sur la base du RVC).

		Longueur de la fenêtre (ms)	
		101	201
Deltoïde antérieur	Poignée existante	97.64 ± 11.52	98.54 ± 11.30
	Poignée ajustée	104.16 ± 13.14	104.58 ± 13.00
	p-value	0.011	0.010
Triceps latéral	Poignée existante	137.79 ± 12.92	138.29 ± 12.86
	Poignée ajustée	159.60 ± 29.11	159.76 ± 28.52
	p-value	0.045	0.048
Trapèze supérieur	Poignée existante	149.91 ± 26.91	151.06 ± 26.45
	Poignée ajustée	163.38 ± 37.36	163.91 ± 37.12
	p-value	0.049	0.063
Deltoïde moyen	Poignée existante	123.78 ± 45.37	124.32 ± 44.79
	Poignée ajustée	132.58 ± 47.94	132.71 ± 47.44
	p-value	0.051	0.057

Les valeurs EMG maximales des quatre muscles impliqués dans le mouvement de scaption ont démontré que l'activation musculaire est plus élevée dans l'équipement d'exercice appliqué avec un design ergonomique que dans les équipements d'exercice conventionnels pour enfants. La prise de la poignée lors d'une contraction isotonique rapide a amélioré l'effet de l'exercice en fournissant une prise naturelle lorsque les participants ont préparé et effectué le mouvement expérimental.
Thongpanja et al. [10] ont comparé la précision en fonction de la longueur de la fenêtre dans une contraction isotonique et ont proposé que la longueur de la fenêtre inférieure à 250 ms donne la meilleure précision pour une contraction isotonique [10]. Pour vérifier l'effet d'amélioration dans une évaluation de la convivialité d'un équipement d'exercice pour enfants auquel une longueur de fenêtre appropriée pour une contraction isotonique est appliquée, la valeur EMG maximale de chaque muscle a été comparée en ajustant les longueurs de fenêtre à 101 ms et 201 ms dans cette étude. Dans les deux longueurs de fenêtre de 101 ms et 201 ms, des améliorations de

l'effet de l'exercice ont été observées dans le deltoïde moyen et le triceps latéral indépendamment des ajustements de la longueur de la fenêtre lorsque la forme de la poignée a été améliorée. En outre, aucun effet d'exercice significatif n'a été observé dans le deltoïde antérieur, quels que soient les ajustements de la longueur de la fenêtre lorsque la forme de la poignée de l'équipement d'exercice était améliorée.

Dans le trapèze supérieur, aucun effet significatif de l'exercice n'a été observé à la longueur de la fenêtre de 201 ms (p = 0,063), mais un effet statistiquement significatif de l'exercice a été observé à la longueur de la fenêtre de 101 ms (p = 0,049). Les résultats obtenus pour le trapèze supérieur confirment les conclusions d'une étude qui proposait de fixer la longueur de la fenêtre à moins de 250 ms pour une contraction isotonique [10].

Conclusion : Dans cette étude, nous avons examiné l'effet de l'exercice en appliquant une conception ergonomique à la poignée des équipements d'exercice pour les enfants et confirmé que la méthode de la longueur de la fenêtre est efficace pour améliorer la précision de la vérification de l'efficacité des équipements d'exercice pour les enfants. Cependant, le nombre de participants à cette étude était de sept, ce qui est insuffisant pour expliquer la normalité ; l'efficacité de l'exercice doit donc être vérifiée en augmentant le nombre d'échantillons et en recrutant des enfants d'une plus grande tranche d'âge. Les résultats de cette étude peuvent servir de référence pour l'application d'une évaluation de la convivialité en vue d'améliorer la conception des équipements d'exercice pour enfants.

Références

1] José G.H., Stella H., Alfons J., Roberto P., Beatriz N., Sandra A., Enrique A., & Juan C.G. (2005). The MORFO3D Foot Database, Lecture Notes in Computer Science.

2] Jung, K., Gwan, H., You, H. (2007). An Anthropometric Product Design Approach using Design Structure Matrix (DSM) : Application to Computer Workstation Design. Ergonomics Society of Korea, 26 (3), pp. 111-115.

3] Thomas, W. M., Bryan M. W., Daniel, E. W., Christopher W., Ren G. D. (2012). Effects of handle length and shape on measured grip strength. appl Ergon, 42 : 199-205

4] Dong, H., P. Loomer, A. Barr, C. Laroche, E. Young et D. Rempel. (2007). The effect of tool handle shape on hand muscle load and pinch force in a simulated dental scaling task. Appl Ergon, 38 : 525-531

5] Lee, W., Jung, K., You, H. (2008). Development and Application of a Grip Design Method using Hand Anthropometric Data. Conférence de l'Institut coréen des ingénieurs industriels, 7, 363-369.

6] Kong, Y.-K., et Lowe, B.D. (2005). Evaluation des diamètres et des orientations des poignées dans une tâche de couple maximal. International Journal of Industrial Ergonomics, 35, pp. 1073-1084.

7] Moon, M. (2018). Développement d'une main prothétique personnalisée à l'aide de l'impression 3D. Journal de l'Institut de traitement des signaux convergents, 19(3), 110-117.

8] Novotny, M., Sedlacek, M. (2008). Mesure de la valeur efficace basée sur des algorithmes classiques et modifiés de traitement du signal numérique. Measurement, 41(3), 236-250.

9] Nazmi, N., Abdul Rahman, M., Yamamoto, S., Ahmad, S., Malarvili, M., Mazlan, S., & Zamzuri, H. (2017). Évaluation sur la stationnarité des signaux EMG avec différentes longueurs de fenêtres pendant les contractions isotoniques. Applied Sciences, 7(10), 1050.

10] Thongpanja S, Phinyomark A, Quaine F, Laurillau Y, Wongkittisuksa B, Limsakul C, Phukpattaranont P. (2013). Effets de la longueur de la fenêtre et des types de contraction sur la stationnarité des signaux EMG du muscle Biceps Brachii. In Proc. 7th Int. Convention on Rehabilitation Engineering and Assistive Technology, Gyeonggi-do, Corée du Sud, pp. 44:1-44:4. New York, NY : ACM.

Chapitre 11. Utilisation du scanner 3D compact

1. Introduction d'un scanner 3D compact

Un scanner 3D compact (Space Spider) permet d'obtenir des images 3D à fort taux de pixels grâce à la technologie de la lumière bleue. Il est optimal pour capturer les détails complexes d'objets de petite ou grande taille avec une grande précision et des couleurs bien définies dans des images à haut pixel. Les formes complexes, les arêtes vives et la faible largeur peuvent être bien capturées. Le scanner est idéal pour numériser et capturer des images à haute résolution de moulures, de circuits imprimés, de clés, de pièces de monnaie et d'oreilles humaines. Le modèle 3D final est extrait par un logiciel de CAO.
Un scanner 3D compact offre des possibilités infinies dans divers domaines tels que la rétroconception, la gestion de la qualité, la conception de produits et la fabrication. La précision d'un scanner n'est pas affectée par les conditions du milieu environnant. La précision maximale est atteinte en 3 minutes, et la répétabilité à long terme est garantie pour la capture des données.
Dans le cadre d'une évaluation de la convivialité de l'équipement, le scanner présente l'avantage d'obtenir des données précises pour refléter les caractéristiques du corps humain dans la conception d'un produit.

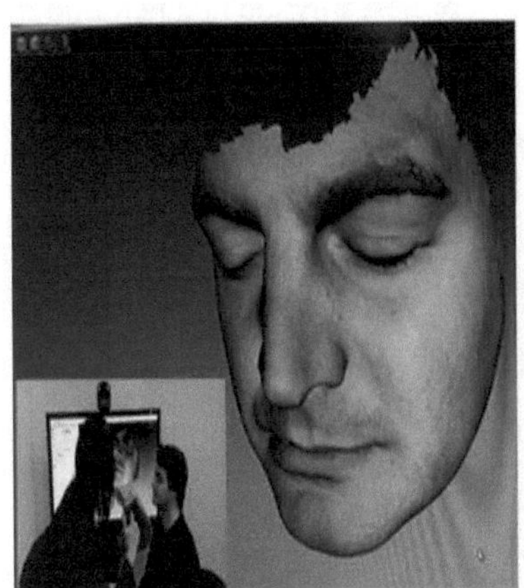

<Figure 11-1> Applications d'un scanner 3D compact

2. Comment capturer un modèle de corps humain à l'aide d'un scanner 3D compact ?

1) Connecter un scanner 3D compact et scanner le corps humain en 3D à l'aide du logiciel.
- Un scanner 3D compact est relié à un câble d'alimentation ainsi qu'à un câble USB par lequel le scanner est connecté à un ordinateur portable.

- Cliquez sur l'icône "Artec Studio 13 professional" sur le bureau pour lancer le programme et créer un nouveau projet.

- Cliquez sur l'icône de numérisation en haut à gauche et activez la fonction "aperçu" pour visualiser l'écran de la numérisation effectuée par un scanner 3D compact.

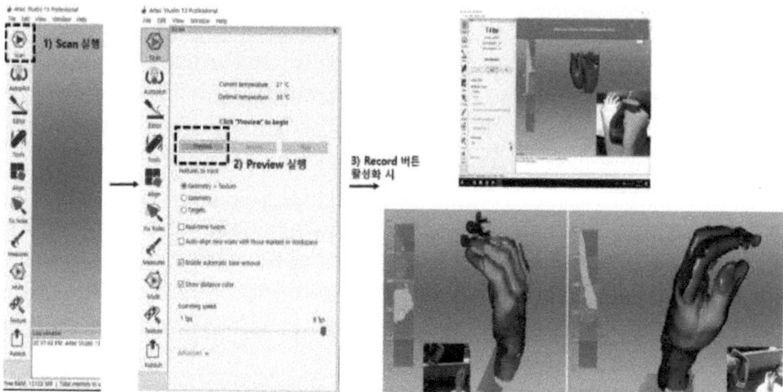

<Figure 11-2> Connexion d'un scanner 3D et vérification de la capture d'image en temps réel.

- Un scanner 3D peut obtenir des données très précises lorsqu'une certaine distance du sujet est maintenue pendant la capture de l'image. La boîte en pointillé de la figure 11-3 montre comment vérifier si les données sont très précises. Un graphique à barres vert est généré pour les données très précises, tandis qu'un graphique à barres rouge est généré pour les données inexactes.

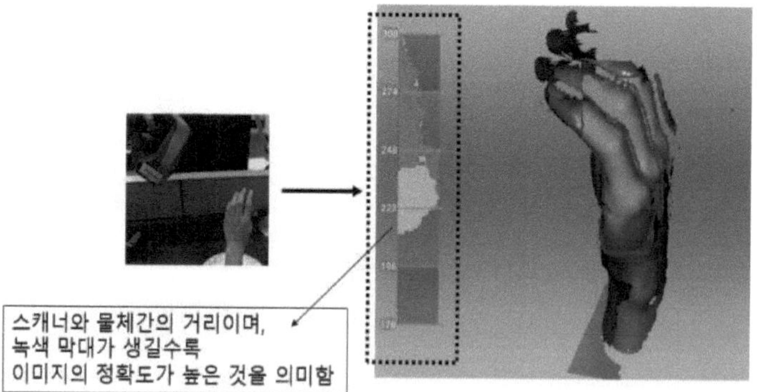

<Figure 11-3> Vérification de la précision des images numérisées.

- Lorsque la numérisation est terminée en cliquant sur le bouton Stop, l'image numérisée du sujet apparaît sur l'écran de prévisualisation. L'image 3D peut être tournée pour être visualisée en faisant glisser les dés sur les axes de coordonnées dans le coin supérieur droit de l'écran.

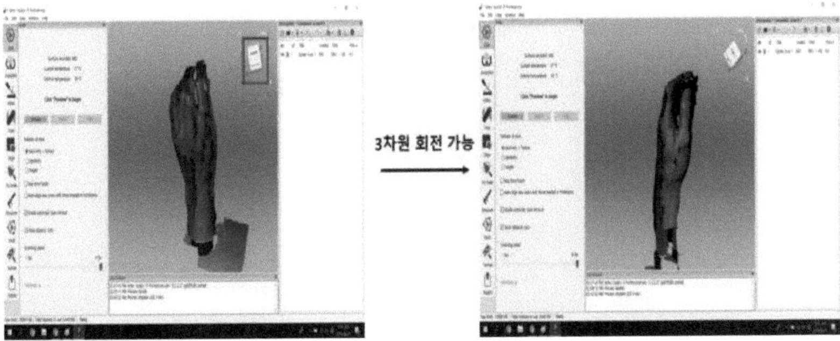

<Figure 11-4> Rotation de l'image numérisée en 3D

2) Modifier un modèle 3D
- Le modèle 3D enregistré peut être édité en effaçant les parties inutiles ou en corrigeant l'image en cliquant sur le bouton Autopilot.

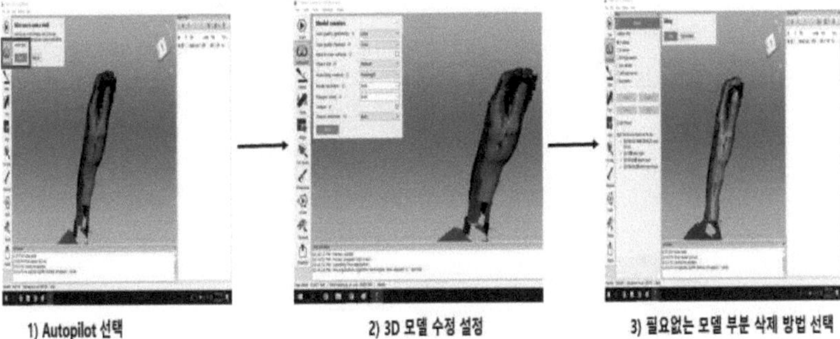

<Figure 11-5> Méthode d'édition d'un modèle 3D.

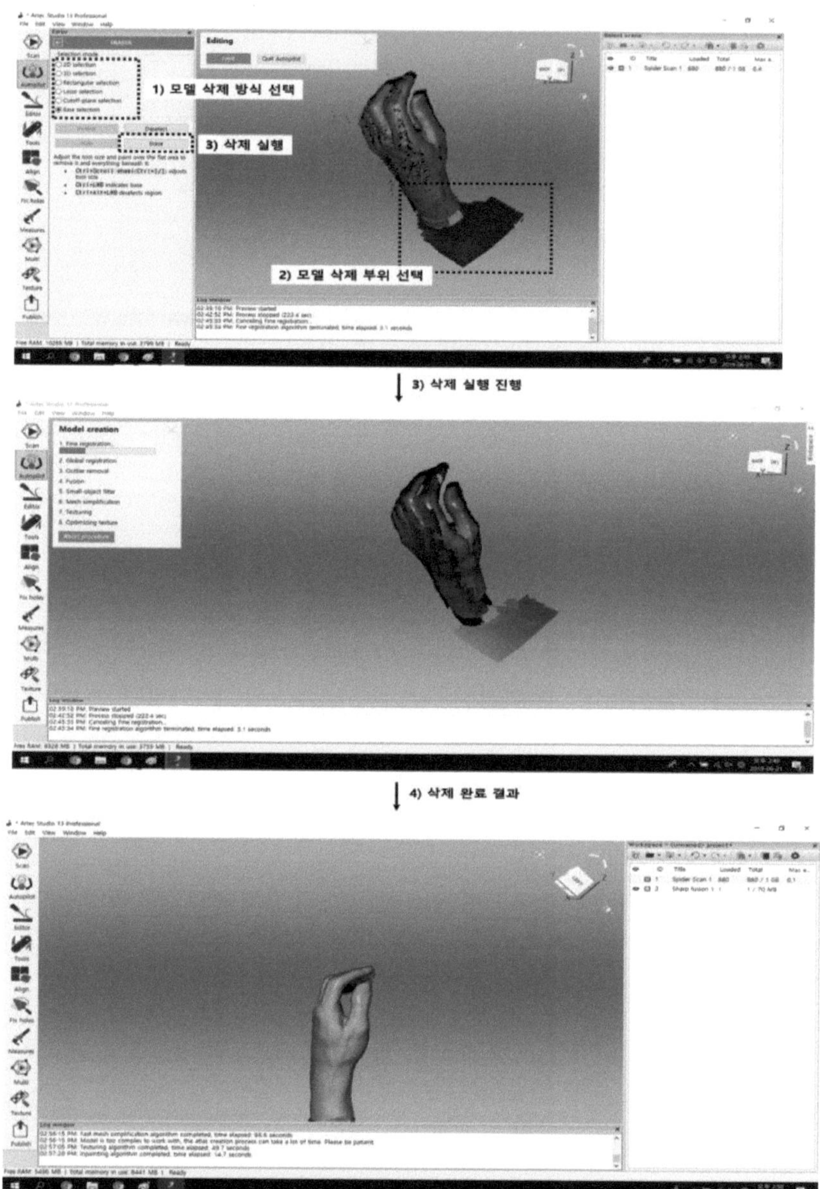

<Figure 11-6> Ordre de modification d'un modèle 3D.

3) Enregistrement du modèle 3D modifié et exportation du fichier

- Le modèle 3D peut être enregistré en tant que données en cliquant sur Enregistrer le projet. Le fichier du modèle 3D doit être exporté en tant que maillage pour être imprimé avec une imprimante 3D. Les données de maillage doivent être enregistrées avec une extension STL.

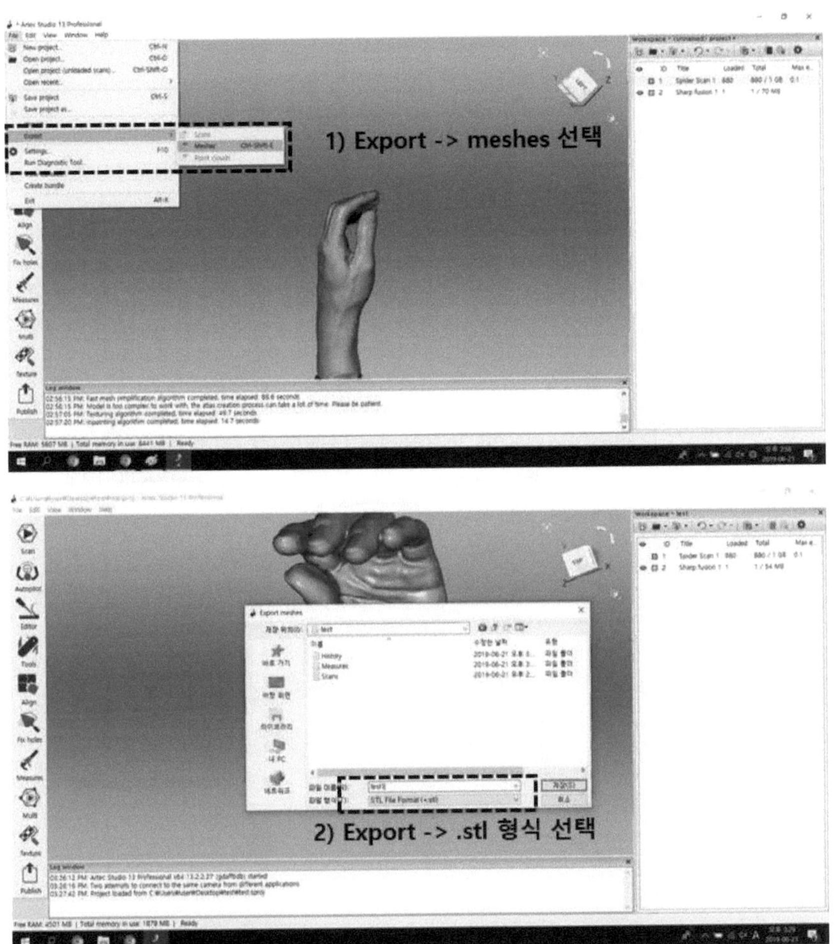

<Figure 11-7 > Exportation pour impression avec une imprimante 3D et définition de l'extension de fichier.

3. Pratique de l'utilisation d'un scanner 3D compact

1) Scanner le corps humain à l'aide d'un scanner 3D compact.

2) Enregistrez les conditions optimales pour créer une précision de numérisation.

3) Obtenez un fichier de modèle 3D avec une extension STL.

Chapitre 12. Utilisation du logiciel Freeform

1. Présentation du logiciel Freeform

Le logiciel Freeform présente l'avantage de réduire le temps nécessaire à l'impression 3D ou au moulage par injection en créant un modèle 3D compliqué et sculptural. Une souris ordinaire peut être utilisée pour la modélisation 3D dans Freeform ; toutefois, des dispositifs haptiques peuvent être utilisés pour une modélisation 3D plus précise, car un retour d'information sur la force de contact contre l'objet est fourni pendant la modélisation 3D.

Lorsqu'il s'agit de réaliser une modélisation 3D pour remplacer un prototype partiel lors de l'évaluation de la convivialité, le logiciel Freeform fournit un environnement dans lequel les personnes qui n'ont pas de formation en conception peuvent facilement modifier les conceptions.

<Figure12-1> Introduction du logiciel Freeform

2. Comment utiliser le logiciel Freeform

1) Créer un nouveau modèle Freeform

- Exécutez le logiciel Freeform depuis le bureau et créez un nouveau modèle Freeform. Un modèle Freeform est composé d'argile numérique (voxel). Un voxel est un élément volumétrique où les particules 3D sont connectées.

<Figure 12-2> Principe de composition de l'argile (voyelle) d'un modèle Freeform.

- L'utilisation d'une station de travail performante, capable de supporter la vitesse de traitement des opérations, est recommandée lors de l'édition d'un modèle nécessitant un grand nombre de voxels.

- Pour créer un nouveau modèle, cliquez sur Nouveau sous Fichier dans la barre de menu et une fenêtre de paramétrage par défaut du nouveau modèle apparaît, dans laquelle l'apparence et la taille du modèle peuvent être ajustées en détail. Cliquez sur le bouton OK pour terminer.

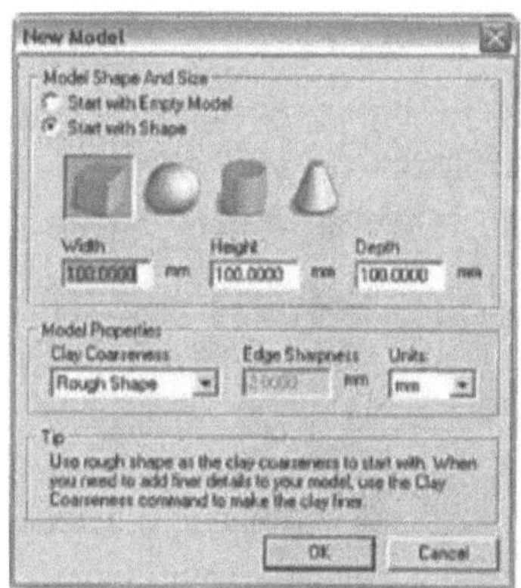

<Figure 12-3> Réglage d'un modèle Freeform

- Un nouveau modèle Freeform est créé, et un stylo 3D avec une boule à l'extrémité peut être déplacé en fonction du mouvement d'une souris (ou de dispositifs haptiques) dans la fenêtre de l'écran principal.

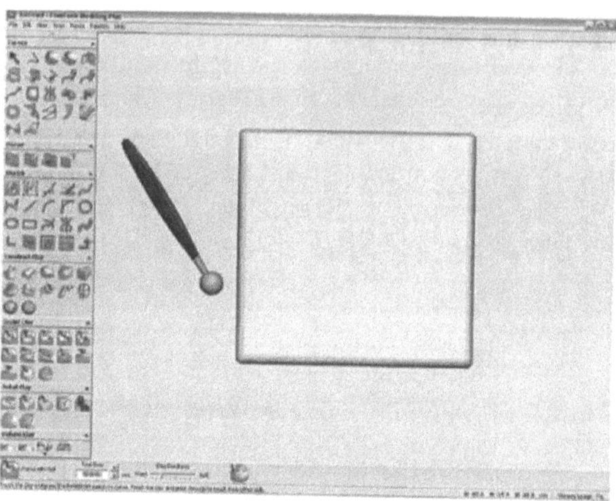

<Figure 12-4> Écran par défaut pour la création d'un modèle Freeform.

- Pour vérifier le mouvement 3D d'un modèle Freeform, maintenez la touche G du clavier enfoncée et déplacez la souris (ou les dispositifs haptiques).

<Figure 12-5> Exemple de rotation d'un modèle Freeform

2) Modifier l'apparence à l'aide de dispositifs haptiques
- Lorsque l'utilisateur n'a pas l'habitude d'utiliser des dispositifs haptiques, assurez-vous qu'il dispose de suffisamment de temps pour s'habituer au retour d'information fourni par le dispositif haptique avant de procéder à un travail plus détaillé.

- Le stylo 3D peut perforer l'objet virtuel si une force dépassant un certain niveau est appliquée. Il est important de reconnaître l'intensité d'une force à travers les expériences.

- (Lors de l'utilisation de dispositifs haptiques) Lorsque le stylet touche le modèle Freeform, l'apparence du modèle change lorsque le stylet se déplace vers l'intérieur du modèle tout en cliquant sur le bouton du stylet.

<Figure 12-6> Exemple de sculpture d'un modèle Freeform à l'aide de dispositifs haptiques.

- Des travaux plus délicats peuvent être effectués en déplaçant des dispositifs haptiques et en ajustant la force appliquée à la pointe de la bille du stylo ; la taille de la bille peut être ajustée à l'aide des touches +/- du clavier.

- Pour un modèle Freeform, la surface de l'objet est creusée lorsque l'outil de sculpture est déplacé de l'extérieur vers l'intérieur, tandis que la surface de l'objet est gonflée lorsque l'outil de sculpture est déplacé de l'intérieur vers l'extérieur.

<Figure 12-7> Exemple de modification de l'apparence d'un modèle Freeform à l'aide de dispositifs haptiques.

- Différents types de surfaces peuvent être mis en œuvre en utilisant la palette Sculpt Clay parmi les fonctions de traitement de surface pour un modèle Freeform. Typiquement, la surface d'un modèle Freeform peut être découpée à l'aide de la fonction Carve with Cube.

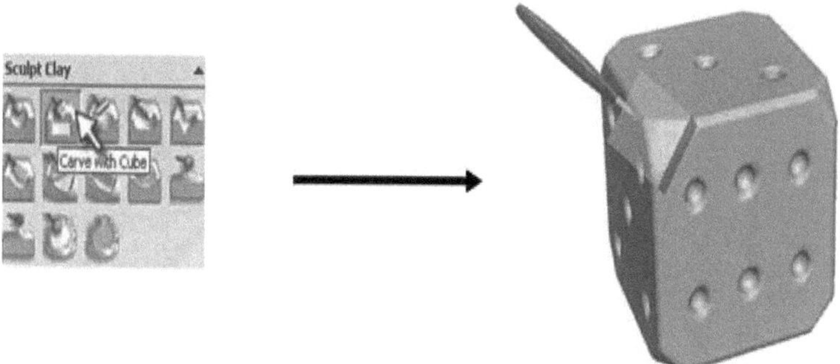

<Figure 12-8> Exemple de modification de l'apparence d'un modèle Freeform à l'aide de la fonction Carve with Cube.

- Différents types de surfaces peuvent être mis en œuvre en utilisant la palette Sculpt Clay parmi les fonctions de traitement de surface pour un modèle Freeform. La surface d'un modèle Freeform peut être lissée à l'aide de la fonction Lisser avec une boule.

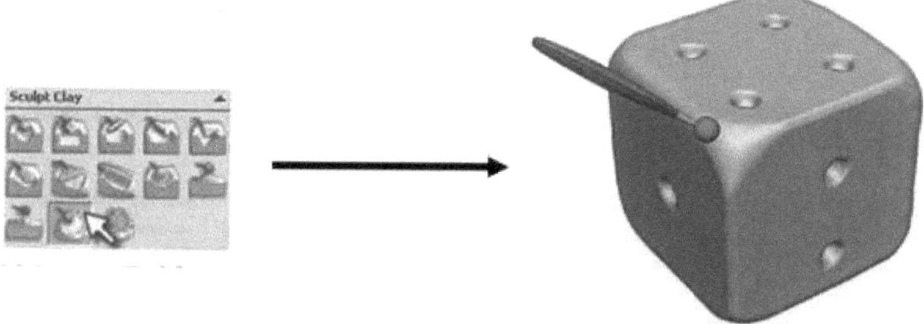

<Figure 12-9> Exemple de modification de l'apparence d'un modèle Freeform à l'aide de la fonction Lisser.

3) Sauvegarde des données du modèle Freeform
- Cliquez sur Enregistrer sous dans le menu Fichier, saisissez le nom du fichier, puis cliquez sur Enregistrer.

3. S'entraîner à utiliser le logiciel Freeform

1) Effectuer la modélisation 3D en sélectionnant les parties qui nécessitent des ajustements dans le prototype.

2) Créer un modèle 3D auquel des processus de traitement de surface précis ont été appliqués en utilisant les fonctionnalités détaillées du logiciel Freeform.

Chapitre 13. Utilisation de l'imprimante 3D

1. Nécessité d'une imprimante 3D

Dans une évaluation de l'utilisabilité, l'efficacité, l'efficience et la satisfaction d'un produit sont évaluées en permettant aux utilisateurs d'expérimenter un produit développé par une entreprise. Cependant, la plupart des produits dans la phase initiale de développement ne reflètent que la particularité de l'apparence plutôt que de refléter les conceptions ergonomiques dans lesquelles les caractéristiques physiques des utilisateurs sont prises en compte. Une évaluation de la convivialité impliquant la fabrication de prototypes pour refléter les conceptions ergonomiques est un élément essentiel pour améliorer la satisfaction des utilisateurs et l'efficacité du produit en ajustant la conception d'une maquette.

Une imprimante 3D est un appareil spécialisé qui peut induire des améliorations dans les éléments d'une évaluation de l'utilisabilité en corrigeant simplement les inconvénients d'un prototype, et identifier rapidement les modes d'emploi du produit développé et suggérer la modification d'un prototype, ce qui est très utile dans une évaluation de l'utilisabilité.

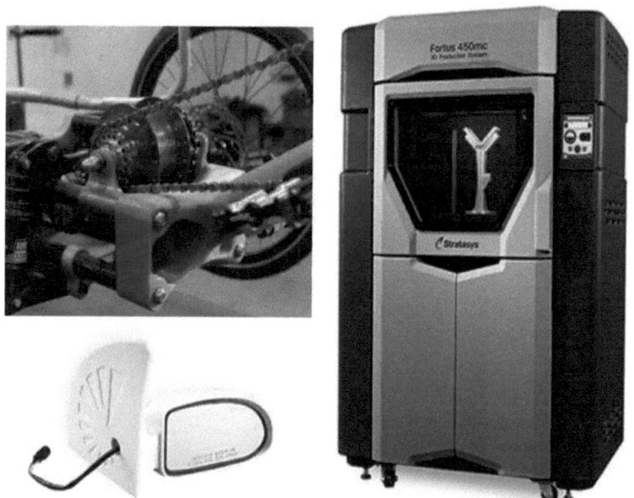

<Figure 13-1> Applications d'une imprimante 3D

2. Comment utiliser une imprimante 3D

1) Paramètres d'impression d'une imprimante 3D

- Lorsqu'une imprimante 3D est mise sous tension, elle entre automatiquement dans un état de veille au cours duquel la présence d'une feuille de construction peut être vérifiée en premier lieu.

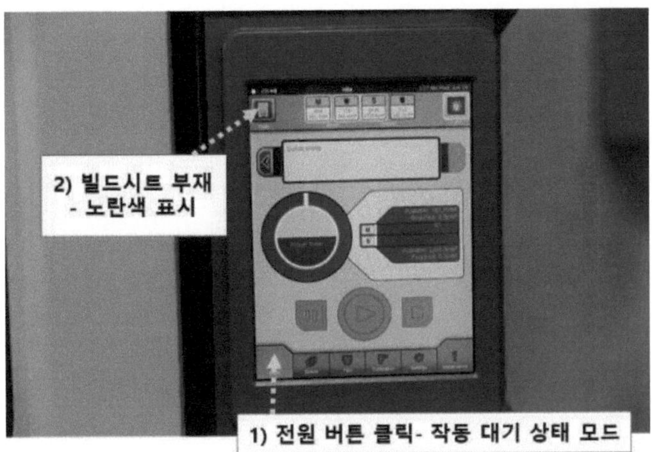

<Figure 13-2> Faire fonctionner une imprimante 3D et vérifier la présence d'une feuille de construction.

- Après avoir ouvert la porte supérieure à l'avant de l'imprimante 3D, sélectionnez l'emplacement pour fixer une feuille de construction.

- La feuille de construction doit être installée de manière à empêcher le matériau d'impression d'entrer directement en contact avec la table d'une imprimante 3D et à séparer facilement le produit après l'impression.

- La feuille de construction peut ne pas être plate au départ et elle s'aplatit pour être bien fixée lorsque la table d'une imprimante 3D est préchauffée.

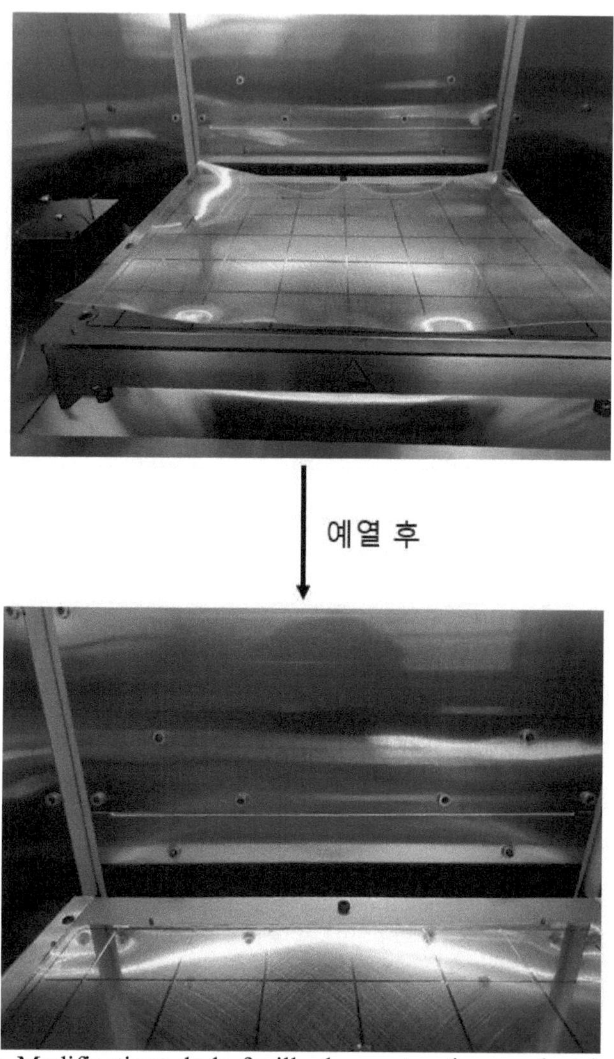

<Figure 13-3> Modifications de la feuille de construction pendant le processus de préchauffage d'une table d'imprimante 3D.

- Cependant, le processus doit être arrêté lorsque la feuille de construction se déplace pendant l'impression. Ainsi, un cadre est fourni pour fixer la feuille de construction sur la table d'une imprimante 3D.

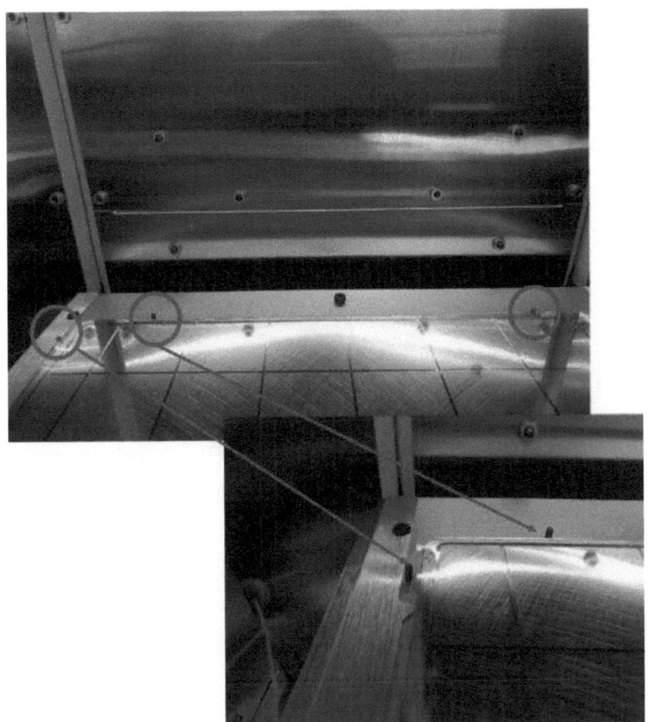

<Figure 13-4> Informations sur l'emplacement d'un cadre de fixation pour une feuille de construction.

2) Compléter le paramétrage du modèle 3D à sortir sur le PC pour une imprimante 3D
- Cliquez sur l'icône "GrabCAD Printer" sur le bureau et exécutez le logiciel d'impression 3D.

- Importez et positionnez un modèle 3D dans un format STL pour le modeler.

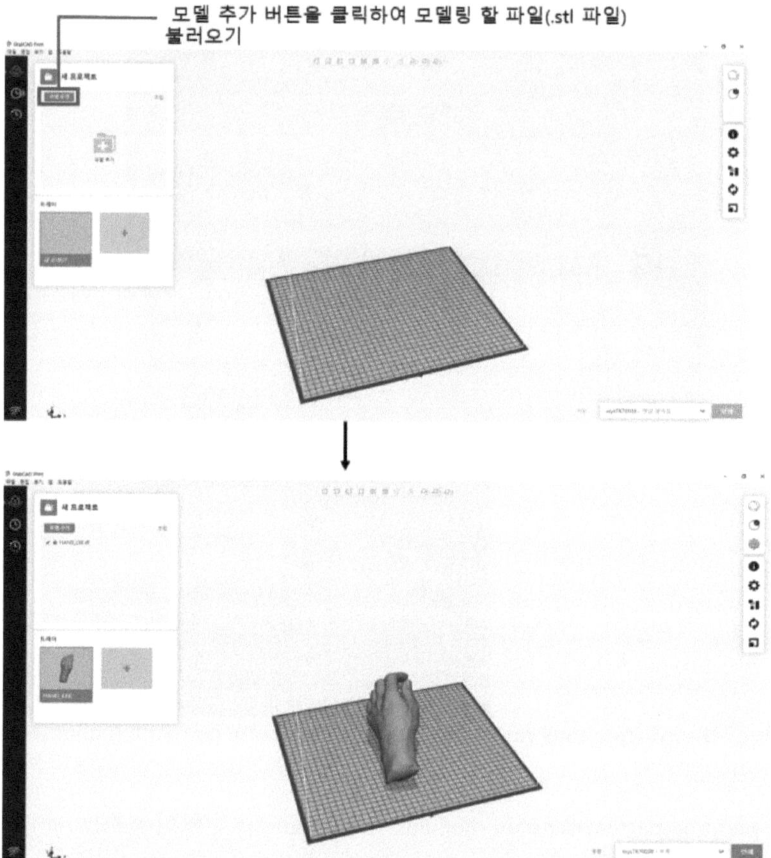

<Figure 13-5> Importation d'un modèle 3D au format STL

- Déplacez le modèle 3D importé pour trouver la position la plus idéale afin de réduire le coût du matériau.

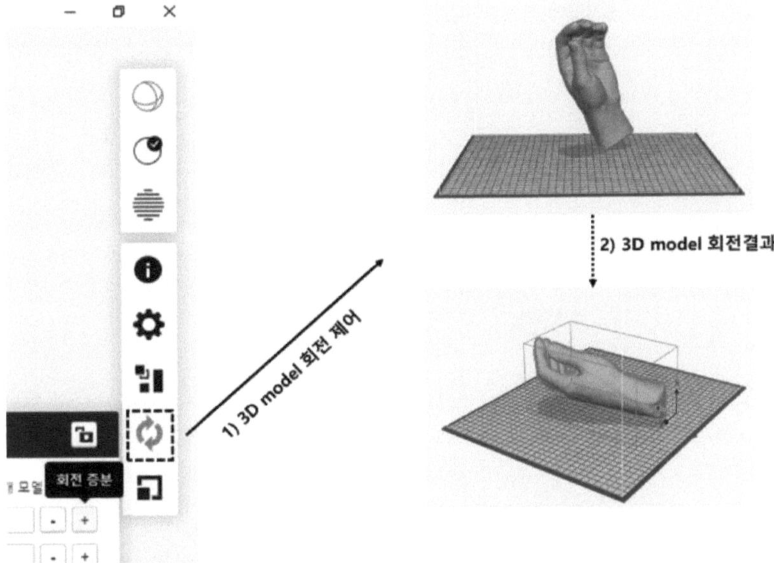

<Figure 13-6> Réglage de la position par rotation du modèle 3D.

- Désignez le grossissement du modèle 3D pour ajuster la taille de la sortie.

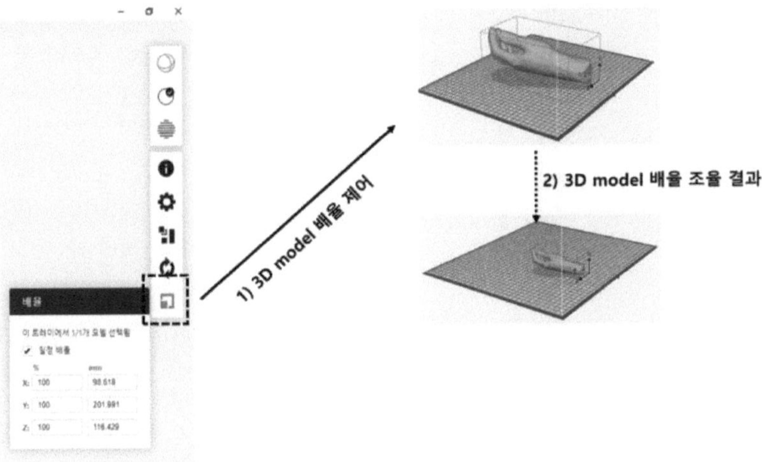

<Figure 13-7> Réglage du grossissement du modèle 3D.
- Une fois que tous les réglages pour l'impression ont été effectués, cliquez sur Imprimer pour transférer le fichier vers l'imprimante 3D ; ensuite, passez à l'imprimante 3D.

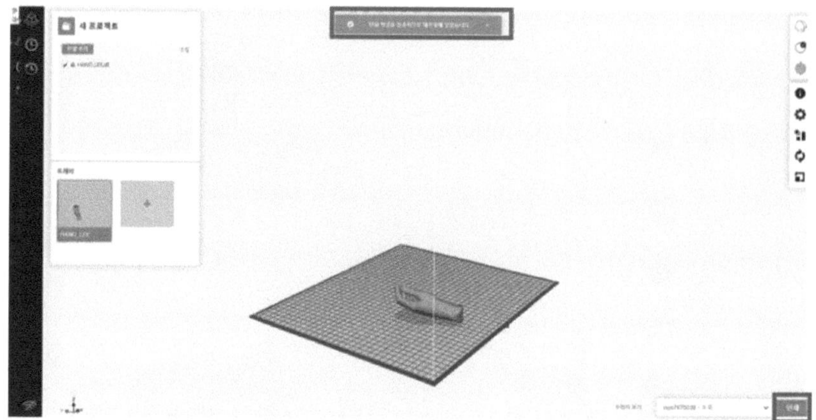

<Figure 13-8> Passage à l'impression après avoir décidé de procéder à l'impression 3D.

3) Commencer à imprimer dans une imprimante 3D
- Cliquez sur le bouton Imprimer de l'ordinateur et vérifiez si le fichier du modèle 3D a été transféré vers l'imprimante 3D.

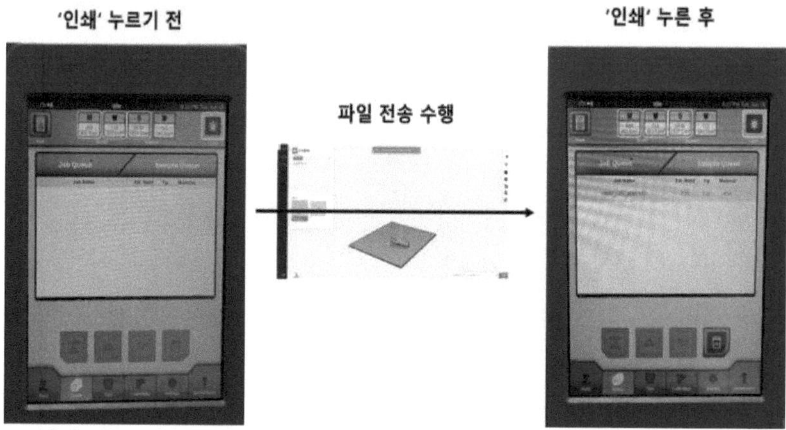

<Figure 13-9> Procédure de vérification du transfert d'un modèle 3D.
- Lancez l'impression après avoir confirmé que les données ont été transférées à l'imprimante 3D.

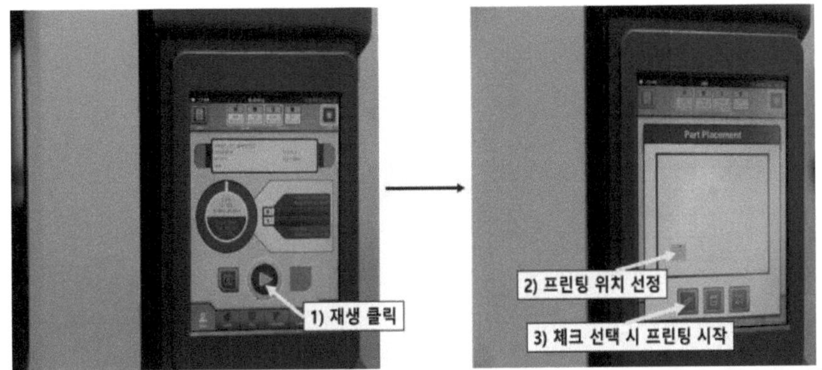

<Figure 13-10> Procédure de lancement de l'impression dans une imprimante 3D.

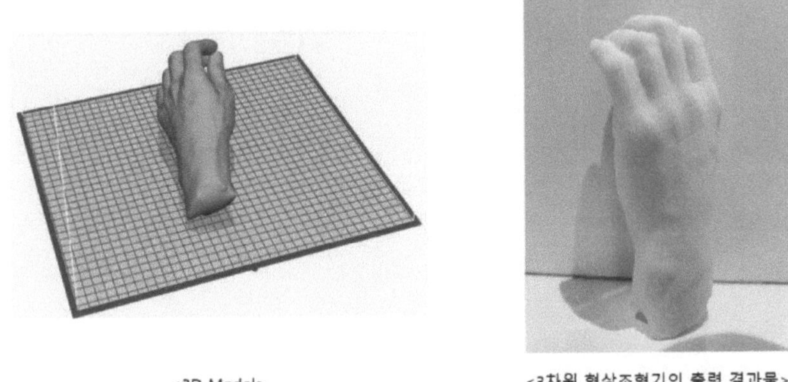

<Figure 13-11> Comparaison entre la sortie de l'imprimante 3D et le modèle 3D.

3. S'entraîner à utiliser une imprimante 3D

1) Vérifiez si la taille du modèle 3D au format STL entre dans la plage d'impression de l'imprimante 3D.

2) Mettez l'imprimante 3D sous tension et préparez l'impression ; enregistrez les procédures.

3) Vérifiez et enregistrez les erreurs entre le modèle 3D et la sortie imprimée en 3D.

yes
I want morebooks!

Buy your books fast and straightforward online - at one of world's fastest growing online book stores! Environmentally sound due to Print-on-Demand technologies.

Buy your books online at
www.morebooks.shop

Achetez vos livres en ligne, vite et bien, sur l'une des librairies en ligne les plus performantes au monde!
En protégeant nos ressources et notre environnement grâce à l'impression à la demande.

La librairie en ligne pour acheter plus vite
www.morebooks.shop

Printed by Books on Demand GmbH, Norderstedt / Germany